The Art of Innovation

開創新市場的

熱賣商品企劃力

日本麒麟啤酒
傳奇熱銷商品創造者

和田徹 著
羅淑慧 譯

三民書局

東京 Spring Valley Brewery（2015 年 4 月）

Spring Valley Brewery 當時銷售的 CORE SERIES
上排：（左起）496、COPELAND、Afterdark
下排：（左起）on the cloud、Daydream、JAZZBERRY

麒麟 CHU-HI「冰結」水果調酒，檸檬、葡萄柚口味（2001 年 7 月）

現在「冰結」的豐富口味（僅列一部分）

麒麟淡麗〈生〉
（1998 年 2 月）

目前「淡麗」品牌的系列產品
左：淡麗 GREEN LABEL
右：淡麗 PLATINUM DOUBLE

麒麟無酒精啤酒（2009 年 4 月）

前言

在過去的三十餘年裡，我一直全心投入在商品開發的世界裡。發泡酒「麒麟淡麗〈生〉」、CHU-HI「冰結」、世界首創的無酒精啤酒「KIRIN FREE」、成為精釀啤酒先驅的「Spring Valley Brewery」等，都是我所開發的商品。多虧有這麼多熱門暢銷的商品，才能使公司的總營業額達到九兆日圓之多。

其實這些商品都有個共通點，就是「創造一個尚未被看見的市場」。不要去追隨那些既有的競爭商品，而是要運用前所未有的獨創力，創造出全新的市場。這正是促使我在被稱為「千中選三」、「一生只求一熱賣」的餐飲業界中，連續開發出熱銷商品的祕訣。

本書彙整了「開拓市場的商品創造法」，書中所收錄的方法，不論是新手或是老手，任何人都可以馬上付諸實行。

因為優異的銷售實績，我被冠上了「熱銷創造者」的名號，聽起來似乎十分響亮，但其實我也曾經有過稱不上有才幹的「漫長寒冬時期」。

從學生時代開始，我就一直夢想著，自己創造的商品能夠讓世界感到萬分驚喜，甚至是改變歷史。基於對「創造商品」的熱情，我進入了一家世界觀令我著迷的酒精飲品製造商任職。

剛開始的四年期間，我被分派到業務部門，幾乎每天都在餐酒館或居酒屋待到深夜。儘管每天都累得像隻狗，業績卻持續萎靡不振，每天都遭到客戶或上司的痛批怒罵。也曾經多次煩惱著，「要不要乾脆辭職算了」。

可是，我就是沒辦法放棄「一定要創造出爆紅新商品」、「一定要改變世界！」的夢想。於是，我向當時的上司提出部門轉調的申請，「不管如何，我就是想做商品開發」。

經過一番努力，我終於順利轉到行銷部門。可是，一開始負責的業務並不是新商品開發，而是策劃組合禮品。主要的工作內容是製作禮品目錄和價格表。結果，錯誤連連就算了，還把勘誤表夾進價格表裡面好幾次，醜態百出。最後，連上司也拿我沒辦法，就在禮品策劃業務期滿一年的時候，讓我轉換了跑道。

之後，在歷經國產威士忌和波旁威士忌的品牌行銷之後，我終於如願成為新商品開發專員。

可是，不論我做什麼，卻總是原地打轉，一切都很不順利。就算好不容易熬到新商品問世，下場卻是商品滯銷慘敗。儼然就是個落魄不得志，沒人認同的無用員工。

熱銷商品「連發」的契機

某天，這樣的我迎來了一個轉機。開發出「HEARTLAND」、「一番搾」的前田仁先生轉調到我的部門。也就是說，接下來我必須和經手無數熱銷商品的「超級菁英」一起共事。基本上，這件事情本身就已經十分不尋常且令人訝異了，而和他共事的事實，更是讓我嚇破了膽。

過去，我所專注開發的是，以「打破傳統」或「與市場背道而馳」為目標，可以聽到好特別、好美味等正面迴響的商品。可是，過分追求完美、個性與特色，反而嚴重忽略了消費者的視角。

當時，我所負責的洋酒再怎麼暢銷，頂多也只有數十萬瓶而已。也就是說，商品的銷售對象只有數十萬人。「只要識貨的人願意買單就行了」，開發角度完全是站在送禮者的立場，從來不曾思考該怎麼做才能讓消費者更開心。

另一方面，前田先生負責開發的是銷售對象高達數千萬人的啤酒。如果以「一番搾」那樣的招牌商品來說，銷售的規模甚至高達一億人。換句話說，他眼前的市場是我的數千倍大。這讓我深刻感受到，自己過去的眼界有多麼狹隘、思想有多麼膚淺、幼稚。

其中最令我感到衝擊的是「靈活面對當前市場、重新改造市場本身」的想法，也就是所謂的「創造性破壞」。

「不管是啤酒、威士忌或是清酒都一樣，創造性破壞是在成熟與衰退市場中存活下來的唯一途徑」。

剛開始，我還有點半信半疑。可是，他開發的「一番搾」確實在數年前成功打開了市場（書中會聊到這段插曲）。調到麒麟啤酒後，我們仍然一起共事，這段期間我對商品開發的心態也有了一百八十度的大轉變。從那之後，我認為商品開發的最大關鍵在於市場的創造，甚至在於創造更美好的未來。因此，不能與既有的商品相比較。必須創造過去完全不存在，且充滿獨創性的商品。甚至，若要開創市場，就必須培育出持續獲得支持的長銷商品才行。因此，要徹底追求消費者的真實感受。創造商品的時候，不光是觀察表面的酷炫，還必須深入探究背後的不堪與心聲。

本書的構成——「商品創造」的四大要素

本書將分成四個部分來說明二十四種開創新市場的商品創造技巧。除了分享「淡麗」、「冰結」等成功案例之外，也會徹底解說滯銷商品的問題點，同時分析失敗案例怎麼做才會比較好。連過去未能成功上市的報廢企劃手寫筆記，也會一併刊載。

第1章 精確瞄準未來市場

透過「淡麗」、「冰結」、「KIRIN FREE」的實際案例，解說不看競爭且放眼未來的思維方式。迄今推出的眾多熱銷商品，全都源自於相同的思維模式。若想創造出更好的商品，就不能聚焦於商品本身。構思未來才是首要條件。參考「冰結」的初期構想草稿，試著思考創造商品的未來吧！

第2章　培養「靈光乍現」的習慣

分享如何激發出更多別出心裁、真正獨創的靈感與創意。了解並掌握成功開創新市場的長銷商品所不可欠缺的不變規則，使自己不因變化而困惑。

不管是商品的構思，或是進一步的實現，你需要一個更具體的想法。「怎麼一直想不出好點子」，應該很多人都有這樣的經驗吧？我自己也不是那種靈感如泉湧般的天才。正因為如此，我才會構思出這種靈感激發大法，讓自己創造出比別人多一倍的點子。

第3章　靠企劃書擦亮你的商品

你是否認為，「企劃書是為了讓提案更具魅力」？我認為不是。我認為企劃書是為了把商品磨得「更亮、更吸睛」。平舖直述的靈感或構思，缺乏說服力且不夠可靠。若要創造出熱銷商品，就必須從各個角度進行驗證。「這樣的概念或企劃書根本搬不上檯面⋯⋯」如果你有這樣的煩惱，就試著用本章介紹的方法寫企劃書吧！本章也將公開「Spring Valley Brewery」的企劃書、我經常使用也最喜歡的工具。任何人都能夠創造出獨一無二的商品。

第4章 保有純度，並引起化學反應

商品的成敗，最終取決於團隊合作。一個人無法創造出能夠感動客戶、改變市場的滿分商品。本章將會說明如何挖掘團隊或共事夥伴們的才能，借助他人的力量創造出超乎想像或常識的商品。開發「冰結」時，「某句話」消弭了反對聲浪，使團隊凝聚在一起。

或者，你是否曾經有過這種情況？「這個商品或提案保證有趣！」可是，「如果要獲得認同，就必須改變這個部分」。其實你不用這麼做，讓提案通過的祕訣都寫在這裡。

甚至，就連「Spring Valley Brewery」的客戶（粉絲）也會跟著一起產生化學反應。那就是發售之後仍會以現在進行式打造出來的商品。

這些全都是我在撕掉無用員工標籤，被稱為「熱銷商品創造者」之前，每天苦心鑽研、實踐的方法。無關天資聰穎或精明能幹，最重要的是「想創造出優良商品」、「想獲得美好未來」的那份意念。

任何人總有一天必定能製作出好商品、熱銷商品、長銷商品。甚至，我相信未來還能夠創造出更龐大、更創新的市場。

那麼，現在馬上開始創造，讓社會、未來變得更加美好的商品吧！

第4章 保有純度，並引起化學反應

19技巧性地拉入團隊

第1章

精確瞄準未來市場

「不看競爭，著眼於未來」的觀念
正是所有熱銷商品的共通點
為您介紹構成該觀念的六個技法

1 創造商品，就是創造市場！

創造商品之前，先思考未來

什麼是創造商品？

創造商品是「為了什麼」？

對你而言，所謂的創造商品是什麼？

突然被這麼問，應該會十分困擾吧？

沒辦法馬上回答，也是理所當然。那個答案就是這本書的主題，所以就算現在不知道答案，也沒有關係。

那麼，再來一個問題。

創造商品的時候，應該先做什麼呢？

如果還是沒有想法，那就換個問題吧！

通常，大家都從商品的「什麼」開始思考呢？

「反正就是要提出很多想法和命名方案。」

「必須先鞏固概念。」

「需要有定位、目標和戰略……」

的確，每一項都是不可或缺的要素。不過，其實還有一件事沒有好好檢視。在多數情況下，許多人直到最後都沒有考量到這一點。然而，那卻是十分重要的事情……。

若要創造出更好的商品，並且長銷，第一步就必須這麼做。那就是描繪未來。想像十~三十年後的理想生活。

「需要想像那麼遙遠的未來嗎？可是，如果不盡快提出具體的商品方案，就會錯過明年春天的銷售時機。」

感覺會有人這麼說。乍看之下，未來的描繪似乎有些無厘頭而且天馬行空，但事實上卻會深深左右商品的命運。請試著在白紙上畫下數十年後的未來樣貌，然後審慎面對。

其實這個過程非常地快樂且充滿價值。這同時也是我工作當中，感到「最快樂」的瞬間之一。

連接商品和未來的「市場」

為什麼未來那麼重要?接下來，我想從「如何創造未來」開始說明。

這裡所描繪的未來，其根源就是今後所創造的商品。產品創造市場，市場改變人們的生活，進而創造出未來。

例如，請試著思考一下 iPhone。iPhone 打開了智慧型手機的市場，同時也改變了我們的生活型態。

過去，行動電話都是以折疊式為主流。之後，iPhone 成為經典，市面上出現各種不同的競品，進而開創出名為智慧型手機的全新市場。

結果，行動電話不僅僅是一種便利的工具，更在問世的前後，為工作、遊戲與消費的方式，甚至是人際關係、意識或行為模式，帶來了翻天覆地的變化。

從意義層面來說，這個商品創造出的就是未曾存在過的「未來」。現在，你是否能夠想像商品如何創造未來了呢？自己創造的商品能夠改變世界，這個夢想應該會讓你感到十分興奮吧！

可是，若要真正付諸實現，你就必須開始思考，把未來設定成一個目標去想像，因為未來是無法預測的。

改變市場，創造未來

如果有辦法預測未來，就可以照著未來的需求去創造商品。可是，周圍環境正以令人眼花撩亂的速度變化著。大家應該也能深刻感受到，未來變得越來越難以預測。

「人類是唯一能夠想像未來，並進一步實現那些想像的生命體。」

這是美國科幻作家麥可・克萊頓 (Michael Crichton) 說過的話。

「預測未來的最佳方法，就是主動開創未來。」

這是被譽為「個人電腦之父」的美國科學家艾倫．凱 (Alan Kay) 所說的名言。

「就是這個！」他們兩位的名言，真的讓我心有戚戚焉。關鍵就在於想法的轉換。其實並不需要精準地預測未來。既然時代瞬息萬變，未來無法預測，那就靠自己去描繪未來吧！你可以靠自己的力量去創造未來，而不是去預測它。

還有另一件重要的事情。唯有思考未來的人，才能夠創造未來。

那麼，該怎麼做才好呢？接下來就跟大家分享，在我創造商品時，非常重要的「創造性破壞」。

這是經濟學家約瑟夫・熊彼得 (Joseph Schumpeter) 提倡的概念。我想應該很多人都有聽過吧？

簡單來說，其論點就是「在毫無變化的市場爭奪市占率，無法讓市場本身變大。唯有破壞現有的市場，創造出可預見成長的全新市場，才更有建設性」。

把「謀生手段」早已具備根基、消費群的既有市場，轉變成一個不知道是吉

創造商品等同創造市場、創造未來

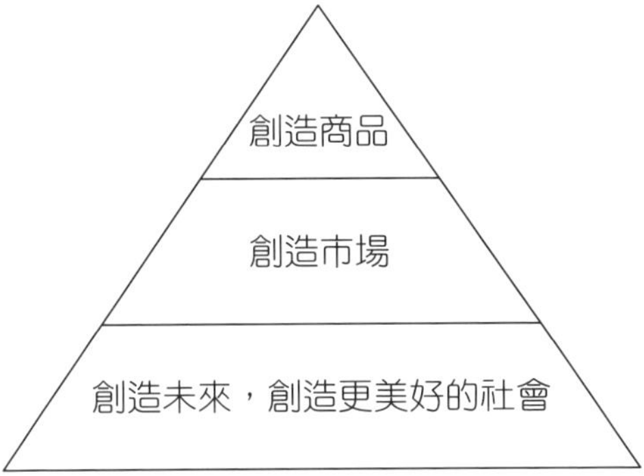
創造商品
創造市場
創造未來，創造更美好的社會

是凶的全新市場，是一個非常大的挑戰。為什麼非那麼做不可呢？

許多既有市場一旦成熟，之後就會陷入衰退。很少會有再次成長的情況。

在那樣的市場裡面競爭，頂多只是消耗戰力罷了。新商品或新包裝並不會帶來太大的效果。就算能夠瞬間拉高市占率，剛到手的地盤仍會被馬上搶奪回去。市場會持續縮小，營業額、利潤也會逐漸減少。

在這樣的企業角力當中，往往忽略了消費者的存在，因此也就無法實際感受消費者的滿足感。公司內部和合作廠商只會感到筋疲力盡。沒有任何一方會打從心底感到喜悅或滿意。

創造性破壞與市場再活化（示意）

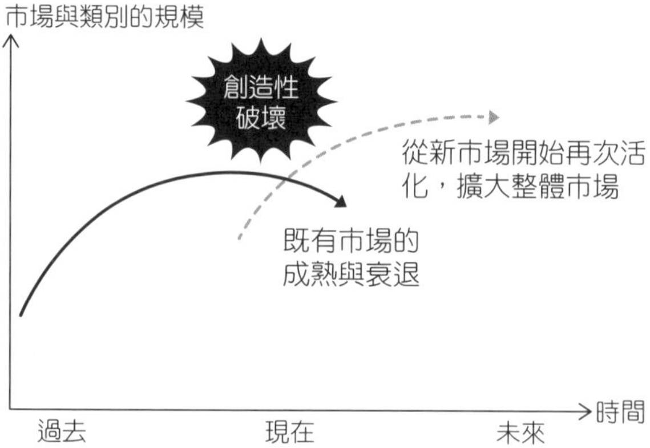

正因如此，我們才需要改變思維，打造有前途的「下一個市場」。換句話說，我們必須把思維「轉向改變的那一端」，才能創建出打造全新市場的「進攻」提案。只要掌握主導權，聚焦於消費者，就能持續祭出先發戰略。

話說得似乎非常簡單，具體上又該怎麼做才好呢？

接下來就跟大家分享三個方法各不相同的實際案例。首先是「一番搾」。其次是「麒麟淡麗〈生〉」（之後簡稱為「淡麗」）。最後則是「麒麟 CHU-HI 冰結」（之後簡稱為「冰結」）。這裡先針對各自的差異，稍微做個簡單的說明。

每當全新市場產生變化時，支撐原始

市場的「核心價值」必定會產生變化，並且在最後被重新換裝。

所謂的核心價值是，消費者面對市場商品時，用來判斷是否選擇或使用的理由、魅力、選擇標準、情境或形象。例如，「味道、性能或功能」、「氣氛」、「使用或擁有該商品的自己會產生何種形象」等等。

「一番搾」的目標是刷新經典啤酒的守舊情境與價值觀，同時實現自家公司招牌商品的世代交替。

系列商品累計銷售約四百二十億瓶的「淡麗」，把「美味、便宜」的理性選擇標準、前衛的生活意識、充滿活力的積極態度等概念定義為「全新常識」，藉此對抗酒稅較高的啤酒，成功在啤酒類別當中建立出全新的「次類別」。

「冰結」不只改變了CHU-HI[1]的形象、商品類別，還瞄準了啤酒、葡萄酒、燒酒、雞尾酒等非CHU-HI市場的客群，引發整個酒品市場結構上的變化。結果，「冰結」系列成了累計銷售超過一百億瓶的熱銷商品（從上市至二〇二〇年為止，

1 編註：CHU-HI（酎ハイ）是由日本傳統蒸餾酒「燒酎」的「酎」(Chu)和威士忌蘇打調酒「Highball」（ハイボール）的「ハイ」(hai)組合而成，成分包含燒酎（或蒸餾酒類）、蘇打水與水果調味。

以三五〇㎖罐裝來累計。該數據取自麒麟啤酒股份有限公司)。

即便是簡單的一句「創造性破壞」,仍會因商品或市場的不同,而有各種不同的切入點、構想或企劃書描繪方式。

超越招牌商品,創造「未來常態」

其實經典商品「一番搾」的開發目的,本來就是為了創造性破壞。

一九九〇年開始販售的這款商品,和「麒麟拉格啤酒」、「札幌黑標啤酒」、「朝日SUPER DRY」等傳統啤酒,有著截然不同的對立形象。過去的啤酒總令人想到下班後小酌或大叔聚餐,大喊一聲「大家今天辛苦了!」然後像是喉嚨極度乾渴似的大口暢飲。這就是傳統啤酒的市場。

相較之下,「一番搾」則是為私人時間帶來更多幸福感與歡樂的啤酒。它創造了二十一世紀的新生活型態與價值觀,不分性別或年齡。

除了清爽順口之外,還有麥芽的甘醇與鮮甜,以及些許的奢華感。就貼近日常幸福時光的啤酒來說，「一番搾」所描繪的是全新的「酒香豐富的生活」。

「一番搾」和麒麟當時的招牌商品「拉格」(LAGER)的零售價格是相同的。因此，公司內部針對雙方可能在市場上相互蠶食、分散銷售額與公司內部資源的風險，掀起一場爭議風暴。

經營團隊極力地辯解：「因為成本較高，所以應該用略高的價格販售，只要以其他市場為目標就沒問題了。」

「這樣一來，市場結構永遠不會改變。消費者也會逐漸遠離一成不變的啤酒市場，永遠無法扭轉成為主導改變的那一方。」

就這樣，經營團隊的每一個人都被成功說服，商品才得以順利上市發售。

如果要創造未來，就應該去看看新時代消費者生活型態與價值觀的變化，而不是挑起公司之間或是公司內部的競爭。關鍵就在於是否能夠更敏銳地感應，然後更進一步地描繪未來。

如此就能創造出超越當前招牌商品的「未來常態」。

2 預見未來，開創構想——淡麗、KIRIN FREE的案例

創造市場的「KIRIN FREE」概念

前面提到，未來是描繪出來的，而不是靠精準的預測。只要透過商品和市場，就能夠創造出未來。未來的描繪並不是像瞎子摸象那樣隨意臆測就可以，而是必須連同實現的手段一起思考才行。

「描繪未來與夢想應有的樣貌，並想像用來實現未來與夢想的企劃書與戰略」，我把這一連串動作稱為「構想」。

接下來分享一個實際描繪未來、創造商品的行動案例。二〇〇六年，一輛載有一家五口的小客車遭到酒駕車輛衝撞，造成三名孩童喪生。受到這篇新聞的震撼衝擊之後，我開始描繪「沒有酒駕釀成死亡車禍的未來」，思考市場需要什麼樣的商品，才能夠實現那樣的未來。

首先就是開創一個完全零酒精的市場。其實在那之前，市面上標榜「無酒精」的酒類飲品，全都是酒精含量未滿一%的微量酒精飲品。正因如此，酒精含量〇%的商品才更加劃時代且破壞力無與倫比。

世界各地的酒類製造商必定會跟進。如此一來，啤酒以外酒精含量〇%的無酒精酒類就會陸續增加。當「〇%」自成一格後，店家應該就會設置專用的賣場吧！甚至還可能出現只賣無酒精酒類的酒吧。

於是，我根據那個構想實施了採訪調查，結果消費者的反應超出我的預期。啤酒製造商認真思考酒駕問題，並積極採取行動的態度，獲得了正面的評價。

就這樣，酒精含量〇．〇〇%的啤酒「KIRIN FREE」誕生了。

最初的廣告文案是「給與車共生的人類」、「〇%酒精給一〇〇%的餐飲店」。我所描繪的未來就濃縮在其中。雖然因為之後的議論而未能讓廣告文案公諸於世，卻也讓我瞬間明白，「這個商品的前面，有著什麼樣的未來」。

正式上市後，果然不出所料，完全零酒精（包含其他公司的〇．〇%）的市場在日本、全世界迅速擴大。隨著市場根基的穩固，人們對酒駕的意識也逐漸產生變化。

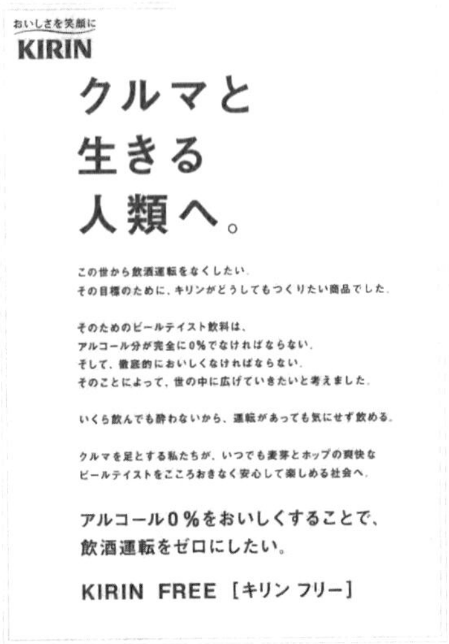

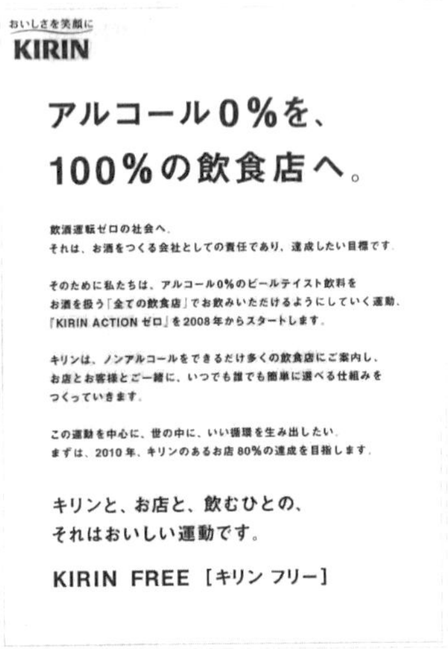

KIRIN FREE 的廣告文案 「給與車共生的人類」、「◯%酒精給一◯◯%的餐飲店」（中文翻譯請見 pp. 37–38）

以往商品創造被視為只是一種商業工具、謀生手段，或是與競爭對手爭奪市占率的武器，看到這裡你是否產生不同的看法？

好的商品能夠創造出更美好的未來，肯定會為人們帶來快樂和滿足。

現在你已經明白，通往未來的市場構想極其重要，但要怎麼做才能讓構想具體化呢？接下來就實際演練看看吧！

おいしさを笑顔に
KIRIN

給與車共生的人類

希望酒駕從世界上消失。
為了這個目標，麒麟有個非常希望製作的商品。

為了實現那個目標，
啤酒風味飲料的酒精含量非得是 0%不可。
同時，也必須堅持絕對的美味。
我們希望藉由這種方式，把它發揚光大到全世界。

喝再多都不會醉，就算開車，依然可以痛快暢飲。

隨時都能安心暢飲麥芽和啤酒花的爽快啤酒風味。
現在就讓以車代步的我們一起邁向那樣的社會吧！

更美味的 0%酒精。
讓酒駕歸零。

KIRIN FREE［麒麟無酒精］

おいしさを笑顔に

KIRIN

0%酒精給
100%的餐飲店

邁向零酒駕的社會。
這是製酒公司的責任，同時也是希望達成的目標。

為此，我們將在販售酒類的「所有餐飲店」，
積極推廣 0%酒精的啤酒風味飲料。
從 2008 年開始推動「KIRIN ACTION 零」的活動。

麒麟將竭盡全力把無酒精推廣到更多的餐飲店，
和店家、酒客一起建構任何人都能簡單做出選擇的機制。

我們希望藉由這個活動，在社會上創造出良好的循環。
首先，2010 年的目標是，販售麒麟商品的餐飲店達到 80%

麒麟、店家和酒客的
美味運動。

KIRIN FREE ［麒麟無酒精］

看準構造變化——「淡麗」的企劃書

沒有人能百分之百保證，商品一旦熱賣之後，就算保持低調，仍然可以持續暢銷，最終擁有自己的市場。因為市場是動態的，會持續不斷地改變。

「淡麗」也是透過創造性破壞，成功開創出全新市場的商品。「淡麗」是麒麟最早的發泡酒[2]，當時快速擴大了被認為比啤酒略遜一籌的小規模發泡酒市場，徹底扭轉了局面。這個逆轉企劃書正是開發時的未來構想。

因為原料差異等因素，發泡酒的酒稅比啤酒更低廉，因此能夠以低於三成的魅力價格進行銷售。不過，難免會有便宜沒好貨的見解。

「淡麗」使用的主原料與招牌商品啤酒相同，發酵、熟成期間等條件也一樣。嚴格來說，「淡麗」投入的時間和精力反而更多，對美味有更大的堅持。

這些條件帶來了爆炸性的熱銷。不光是味道，就連命名、設計、廣告也充滿了氣派、華麗的風格，同時更獲得啤酒迷的大力支持。

結果，發泡酒市場僅僅花了一、二年就急速擴大了數十倍之多。以凌駕於啤

2 編註：依日本酒稅法的規定，麥芽成分較高的是啤酒，較低的是發泡酒。

酒的驚人態勢，持續快速地成長。

此外，包含第三類啤酒[3]在內的廉價類型，目前大約占了整個啤酒類市場的一半左右（下圖）。

這是「淡麗」的既定路線，而不是碰巧運氣好才得以實現。其實就是照著開發團隊所描繪的企劃書（構想）而前進的未來。

「不管怎麼說，廉價類型占整個啤酒市場一半的時代終會來臨。」

3　編註：指啤酒、發泡酒以外的啤酒類飲品，特徵是原料不含麥芽。

廉價類型的市場規模演變

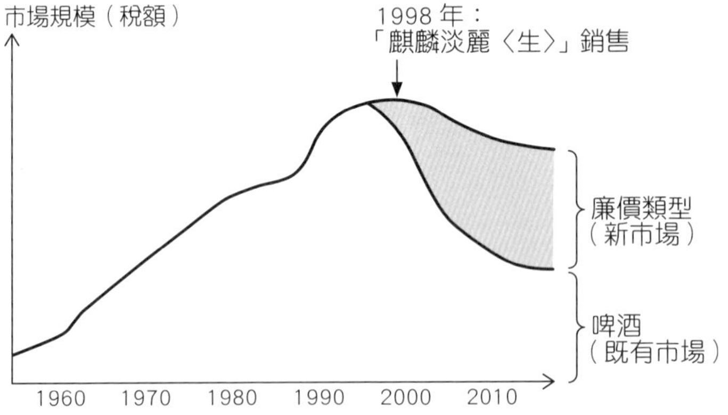

根據「國稅廳 酒類指導手冊（2020 年 3 月）7 酒類稅額演變（國稅局及海關的合計）」製成

就像這樣，這些構想早在開發階段就已經描繪好了。當然，用來付諸實現的具體企劃書，也就是第二彈、第三彈的商品投入計畫等，也早在開發階段就已經放進「構想」裡面。

在數年至數十年期間，開發團隊不斷反覆討論該怎麼做，才能讓經濟類別成長為「全新常態」。

在商品開發進展到某一程度時，我曾經天真地認為，「味道非常完美。名稱、設計也十分強而有力。最後再搭配氣勢磅礡的廣告，讓商品正式上市，應該就完全沒有問題了吧？」那是我尚未撕下「無用員工」標籤的時代。

然而，廣告的製作卻極其困難。除非我們的企劃書內容獲得認同，否則當時的創意總監宮田識（DRAFT設計公司創辦人）根本不會理我們。

「想打造全新的市場嗎？那是一群什麼樣的人，抱持什麼樣的心情，以何種形式凝聚所打造的市場？」

「如果用一句話來形容，你會選擇什麼樣的形容詞呢？」

「這個商品或市場存在的意義是什麼？」

「是否肩負著改變社會的使命？你是否認真思考過？」

「看著現在的日本，你認為未來應該是什麼樣子？」

除非得到他的認同，否則就算熬夜，也還是回不了家。遭受嚴厲質問、被迫思考的日子一天天持續著。到底要等到什麼時候，對方才願意提出設計方案和廣告文案呢？隨著截止日期步步逼近，我只能成天活在焦慮與不安之中。

那個時候我並不知道，直到現在我才明白，原來宮田先生是希望我能夠反覆深入思考，該如何制定全新市場的核心價值與目的、存在意義（purpose），以及「對消費者的承諾」。如果沒有這些要件，僅僅只是商品上市而已，那麼永遠無法輕易地創造出市場，我想這就是宮田先生想教導我的事。

經過反覆討論之後，我們最後定調為，「希望透過美味與廉價，為日本帶來明亮的曙光」。在經濟蕭條長期籠罩之下，日本社會陷入沉悶、陰暗的低潮，在找不到一絲希望之光的灰暗時代裡，我們決定推出令人耳目一新的品牌和類別，期許能夠「為日本注入滿滿活力」、「持續為年輕乃至長青世代的廣大族群加油打氣」、

「告訴人們不能被打敗」、「創造全新的常識」。

只要能營造出這樣的形象，就不會有任何人認為「淡麗」不如啤酒，自然可以想像出「淡麗」正大光明地在下個時代擴展出龐大市場的樣貌。

就跟「一番搾」一樣，公司內部也出現了些許不同的意見，例如：「有重挫主力商品（啤酒）的風險」、「需要花費和主力商品相同的廣告費嗎？」

要為市場帶來變革時，必須做好可能遭逢阻礙或衝突的心理準備。一邊構想在徹底檢討之後就能逐漸浮現出樣貌的未來市場，一邊說服組織內的反對者，秉持著勇氣付諸實行。這一切說來簡單，做起來卻十分不容易。

但是，如果沒辦法突破這些障礙，就無法開創未來。

3 創造長銷商品的兩種方法

目標是成為被追隨・對抗的商品

能夠開創新市場的商品，共通點是長銷。因為商品必須持續銷售幾年、幾十年以上，才能帶動市場的變革。那麼，什麼樣的商品才能持續販售呢？

條件就在於商品是否屬於「典型」。

典型換句話說，又可稱為「原型」，或許後者這種說法更容易理解。「淡麗」或「KIRIN FREE」上市之後，就有許多競爭公司追隨、加入。「對抗淡麗的商品」或是「追隨 KIRIN FREE 的商品」相繼投入市場。

對於推出開創新市場商品的那一方來說，這樣的發展是他們非常樂見的。為什麼呢？因為光是投入一種新產品，是沒辦法創造出全新市場的。除了自家公司的商品之外，還要再加上其他公司的類似商品、競品，才能促使市場誕生。造成話題，然後熱潮持續升溫，相互切磋琢磨，再進一步擴大，商品和市場才能夠長久續存。

如果要實現長銷，就要先以未來市場的典型為目標。追隨在我們身後的競品會爭先恐後地吸收商品特色，做出更細微的差異化或改良。改良的基礎全都建立在我們所打造的地基上面。

再次重申，長銷商品是眼下「不存在的商品」，當然沒有任何競爭對手。正因如此，就只能靠自己構想，否則絕對不會有實現的一天。

不去關注競爭商品

既然要擺脫在市場上「爭奪市占率」的念頭，就索性不要關注競品吧！停止把自家商品和競品配置在雙座標圖表上，也別製作什麼特色比較表吧！

不要試圖從競品分析找尋機會，那裡並不會成為商品創造的起點。

我了解你的心情。不管如何，請忍耐。

如果去觀察競品，你就會想把它當成參考對象，在不自覺的情況之下失去原創性。

然後，這個行為會讓你的視野變得狹隘。一旦養成觀察小細節、找尋小差異的習慣，就會變成死腦筋的人，成天只想著「那個東西（競品）只要加點這個，或是改變那個，不就行了嗎？」

另外，在詳細調查、分析競品的過程中，有時也會使自己逐漸喪失自信。競品這麼完美，「感覺自己根本毫無勝算……」，會莫名出現這樣的心情。

然後，更重要的是「競品是過去的商品」。

接下來要描繪的是未來。真正的競爭對手在尚未存在的全新市場裡。甚至很可能不在相同的商品類別裡。

不要把商品視為具備味道或形狀等經過設計的「物品」，而是試著用使用商品的時間或心情，也就是「作用和意義」去思考吧！讓自己的視野更加遼闊，養成從不同方向看待事物的習慣吧！

例如，對某人來說，啤酒的作用是釋放壓力。也就是說，如果有其他的替代方法，就算沒有啤酒也無所謂。那個替代方法或許是智慧型手機或遊戲機等娛樂業界或健身業界的商品。

透過垂直思考通往更高層（擴大）的概念

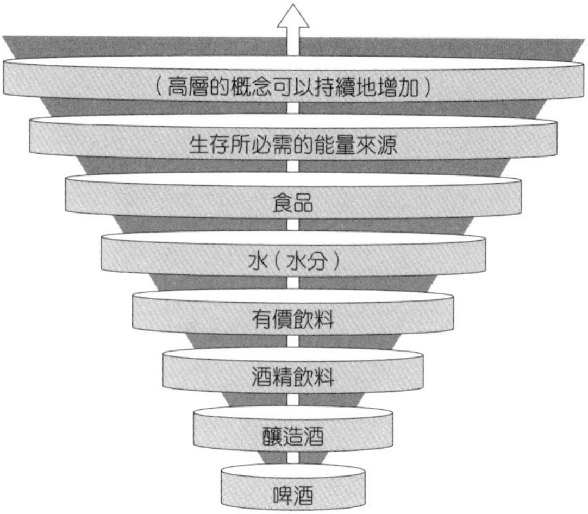

或者，假設啤酒被視為「療癒或紓壓」的商品。如此一來，其他的酒類、花草茶、食品、芳療或紓壓產品，也可能成為競爭對手。

只要「重新定義商品的價值與意義」，就能通往全新的市場。

方法① 靠垂直思考找靈感

那麼，如何在沒有加入競爭要素的情況下，想像未來的新市場呢？

首先分享的是，名為「市場高層概念化」的思考法。就是由下往上擴大市場的概念。適用於前一節列舉的例子，包括事業領域的重新設定、商品表現的涵義或價值的重新定義等。

前頁圖是以啤酒為範例，可以明顯看出，越往上層，概念就越擴大。即便是「太過小眾，不值得期待」、「已經呈現成熟、飽和狀態，似乎正在持續閉塞、縮小」等，已經視同放棄的市場，還是可以看到擴大的可能性。

這種圖有很多不同的描繪方式。就算同樣把啤酒放在最下層，只要採用不同的思考方式，就能描繪出截然不同的結果。就像前面那樣，請試著想想，如果將啤酒視為「療癒或紓壓」的商品，結果會是如何？

你可以試著獨自進行，把它當成個人的腦力訓練，也可以和團隊一起做，或許會朝意想不到的方向發展。兩種方式都值得推薦。

方法②　想像示意圖——「冰結」的初期構想

另一個方法是把未知的市場、今後可能活化的區域放進視角裡的示意圖。

在縱向、橫向、斜向分別設定座標，並把可能有關的市場或類別配置上去，再使用箭頭或交疊的方式，思考彼此的關係、變化與重心的移動等細節。總之就是縱情想像「未來的市場會如何移動？」

不必有任何道理或根據，憑直覺思考就可以。就算是從市場行銷的數據分析或戰略之中找尋靈感也無所謂。正因為是全新的市場，所以規則也是全新的。自己可以盡情地創造新的規則，隨心所欲地描繪。

就算加入與自家公司毫無關係、完全相異的業種也沒關係。搞不好會在有趣的過程中找到關聯，當然也可能完全沒有線索。不過，只要透過那些指往各種方向的箭頭，就能獲得更多刺激。

以下跟大家分享我實際製作的「冰結」想像示意圖吧！（第五十一頁）

首先，在白紙寫上還沒有出現的「未來市場」、「今後（或許）會更加活化的區域」。不能寫上既有的 CHU-HI、啤酒、葡萄酒市場。

假設未來市場的名稱是「爽快酒精飲料市場」。然後，就把新市場中的典型「新商品Ｘ」，也就是之後的「冰結」放在正中央。將系列商品或第二彈、第三彈等配置在其周圍，讓市場逐漸膨脹、擴大。

結果看起來似乎有點簡單，但其實過程當中也有既不是這樣、也不是那樣的迂迴波折。

製作示意圖的重點在於，明確釐清新市場和既有市場的關係。

這裡介紹的示意圖是兩個主軸的模式。除了這種模式之外，也可以試著比較兩個市場，或是製作多個市場的相關圖。

甚至，你也可以仔細觀察示意圖或市場相關圖，想像是否有可能讓市場的核心價值產生變化，或是製造出創造性破壞。也可以試著用箭頭和文字，寫上「流程」或「變化」的假設。

不管如何，只要示意圖映入眼簾時，可以馬上看出自己的未來在哪裡、自己現在在哪裡，然後如何做才能接近那個未來，這樣就沒問題了。

「冰結」設定的魅力定位是「爽快」、「世界第一順口」、「冰爽極致」、「年輕、隨興」、「永遠新鮮」（Always New），目標是透過這些魅力來吸引啤酒、葡萄酒、燒酒、雞尾酒的消費者，描繪出帶來創造性破壞的構想。為了能夠確實推動變化，還增加了系列商品的企劃書。

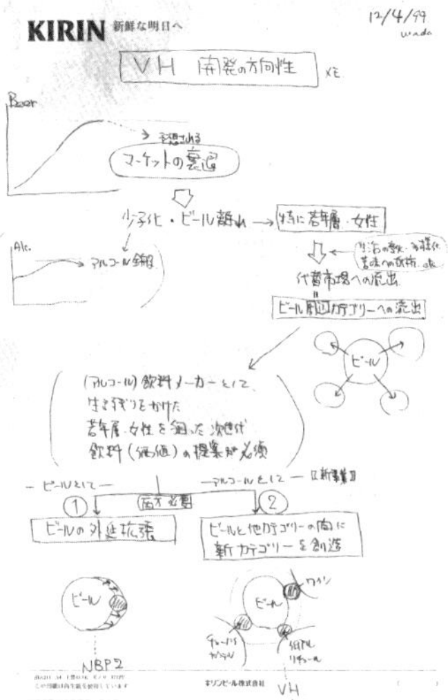

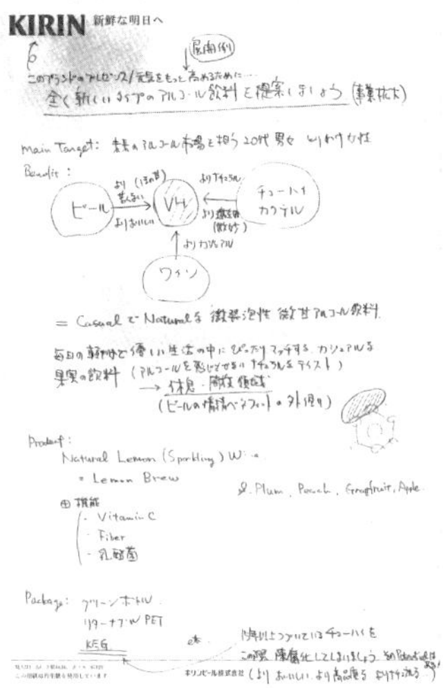

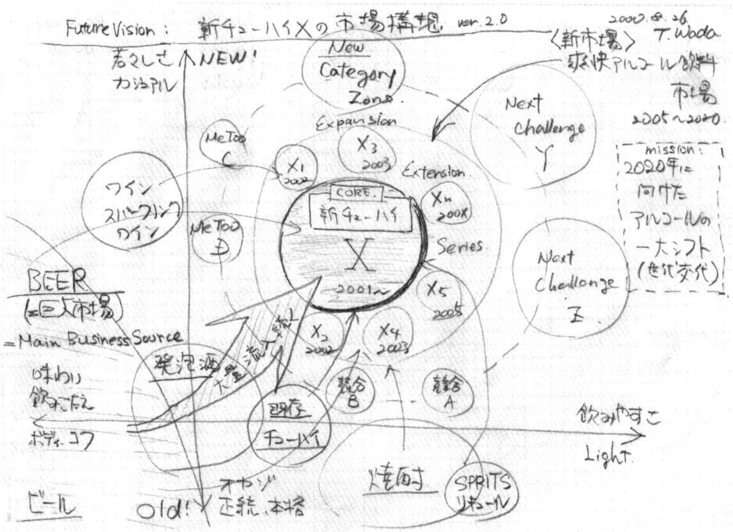

爽快酒精飲料市場的草稿（中文翻譯請見 pp. 52–54）

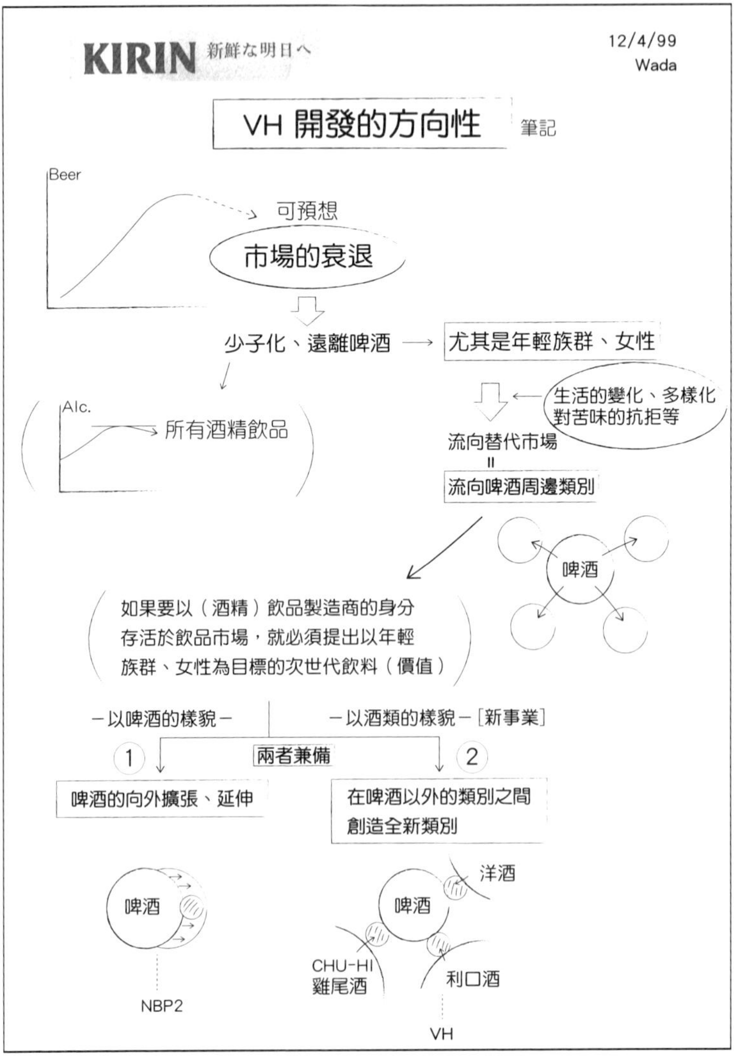
KIRIN 新鮮な明日へ
12/4/99
Wada
VH 開發的方向性
筆記
Beer
可預想
市場的衰退
少子化、遠離啤酒
尤其是年輕族群、女性
Alc.
所有酒精飲品
生活的變化、多樣化
對苦味的抗拒等
流向替代市場
=
流向啤酒周邊類別
啤酒
如果要以（酒精）飲品製造商的身分
存活於飲品市場，就必須提出以年輕
族群、女性為目標的次世代飲料（價值）
－以啤酒的樣貌－
－以酒類的樣貌－［新事業］
1
兩者兼備
2
啤酒的向外擴張、延伸
在啤酒以外的類別之間
創造全新類別
啤酒
NBP2
洋酒
啤酒
CHU-HI
雞尾酒
利口酒
VH

KIRIN 新鮮な明日へ

展開例

為提升這個品牌的存在感與活力……
提出全新類別的酒精飲品（事業擴大）

Main Target：進入未來酒精市場的 20 歲世代男女，尤其是女性

Benefit：

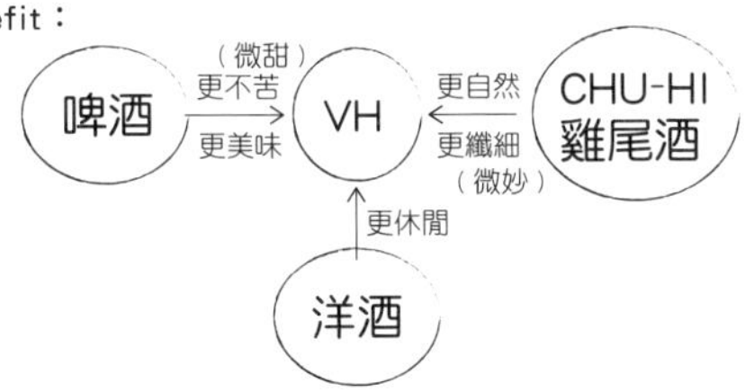

＝ 休閒且天然的微發泡性微甜酒精飲料

在每日輕盈且優雅的生活中完美匹配的休閒果汁飲料（隱約感受到酒精的自然風味）

→ 休息、開放、領域（啤酒的外在情感利益）

Product：

Natural Lemon（Sparkling）W

- Lemon Brew

& Plum, Peach, Grapefruit, Apple

- 機能
  - Vitamin C
  - Fiber
  - 乳酸菌

Package：綠瓶

可回收 PET

KEG

ex. 歷時 15 年以上的 CHU-HI，在這個時候已經過時。挖掘出潛在的魅力！（更美味、更高品質、更自然）

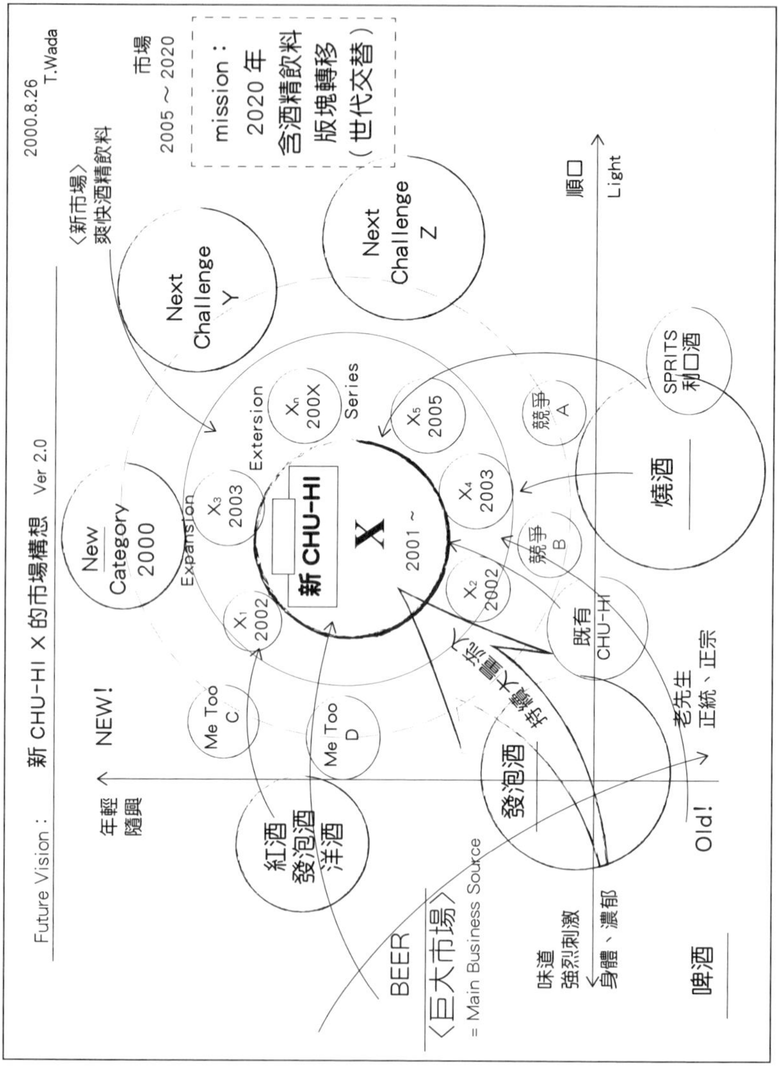
Future Vision：
新 CHU-HI X 的市場構想
Ver 2.0
2000.8.26
T.Wada
〈新市場〉
爽快酒精飲料
市場
2005 ~ 2020
mission：
2020 年
含酒精飲料
版塊轉移
（世代交替）
New
Category
2000
Next
Challenge
Y
Next
Challenge
Z
Expansion
Extersion
Series
X1
2002
X2
2002
X3
2003
X4
2003
X5
2005
Xn
200X
新 CHU-HI
X
2001 ~
競爭
A
競爭
B
SPRITS
利口酒
燒酒
既有
CHU-HI
Me Too
C
Me Too
D
NEW!
年輕
隨興
紅酒
發泡酒
洋酒
發泡酒
乘勢擴大
老先生
正統、正宗
Old!
順口
Light
味道
強烈刺激
身體、濃郁
啤酒
BEER
〈巨大市場〉
= Main Business Source

4 從個人任務開始做起

搞清楚自己的「任務」和「願景」

當我們企圖將新的商品或服務推到市場上時，其根源存在著構成動機的特別回憶、夢想或「願景」。

「沒有、沒有，我只是單純有了靈感而已」，有人會這麼說，但仔細詳談後就會發現，從開發到上市的過程中，背後肯定潛藏著某些理由。

剛起步的企業經營者或熱銷商品的開發祕辛之所以吸引人，就是因為那樣的願景或相關的故事總是充滿魅力。

另一方面，描繪那個願景的基礎就是「任務」。所謂的任務就是自己決定的「使命」，是個人願意賭上自己的人生，以及人生的意義或目的。

若要舉例的話，感覺就像是自己的根那樣（下頁圖）。

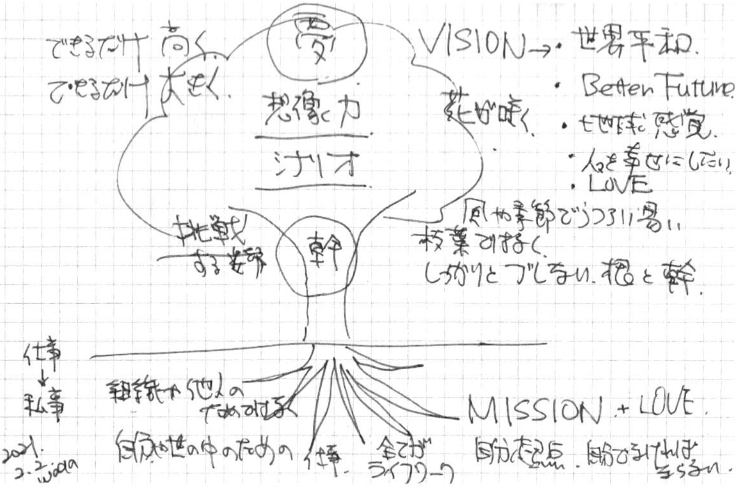
VISION → ・世界平和.
・Better Future
・LOVE
MISSION + LOVE.
仕事
↓
私事
2021.
2.2. wada

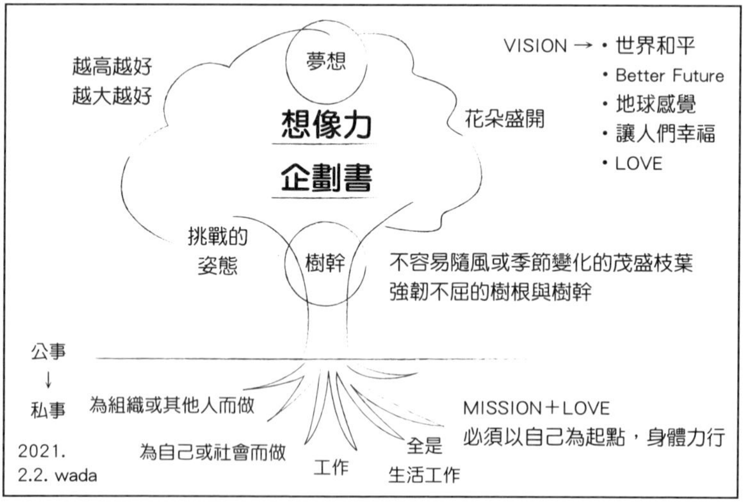
越高越好
越大越好
夢想
想像力
企劃書
花朵盛開
VISION →・世界和平
・Better Future
・地球感覺
・讓人們幸福
・LOVE
挑戰的
姿態
樹幹
不容易隨風或季節變化的茂盛枝葉
強韌不屈的樹根與樹幹
公事
↓
私事
為組織或其他人而做
為自己或社會而做
工作
全是
生活工作
MISSION＋LOVE
必須以自己為起點，身體力行
2021.
2.2. wada

任務與願景的關係

當任務牢牢扎根之後，人就會主動激勵自己「必須更加成長」，努力激發出更多力量，以便克服更多從天而降的困難。正因為有這些根，人才能精準地描繪出宛如樹枝、樹葉、花朵、果實般的願景，以及夢幻般的未來。

我也有任務和願景，這些便是我所有商品共通的根源。

當然，我並非完全沒有「想變成有錢人」、「不想輸」、「想被認同」的念頭。可是，一旦把那種慾望當成行動準則，人就會顯得格外脆弱。

相反地，就像「對別人有幫助」、「希望讓人們更加幸福」、「實現更美好的社會」那樣，因為不知道該做到什麼地步，才稱得上「成功」。於是，就會持續堅持專屬於自己的個人任務，反而更能獲得前進的力量。

我搞砸「交辦工作」的原因

「個人任務」非常重要，但這並不是指在企業等組織工作的人們，單純遵從指示而做的工作。在現實生活中，你手上的任務可能是上司交辦的開發任務，或是基於組織需求而找上門的案件。

我也是員工，所以非常能夠理解那種感受。就現實面來說，比起個人任務，多數情況都是以組織任務作為起點。

其實，我人生職涯中的最大失敗正是公司指派的案件。

當時，成功推出熱銷商品的我贏得上司的信賴，上司表示「拜託再來一次，這次一定也要成功」，然後就把創業一百週年的新商品企劃交給我處理。企劃的主旨是重新奪回啤酒類別榜首的全新經典商品，當時所投注的熱情和事業規模都非常地龐大。

雖然我也可以巧妙地婉拒這樣的工作，但我還是沒辦法拒絕。於是，我以開發負責人的身分領導這樣企劃，結果卻大吃敗仗。

造成慘敗的原因錯綜複雜，但就個人層面來說，我認為關鍵就在於「沒有專屬個人的使命感」。

基本上，我有應該做這份工作的理由嗎？

透過這份工作，我能實現什麼？

真的是為了社會而做嗎？

當時，這些答案都還處於尚未消化的狀態。

在這項企劃當中，我被賦予的任務是「重新找回啤酒的魅力」。於是我下定決心，「先把成本和效率拋到一邊，竭盡全力地創造出匯集原始魅力的經典啤酒！」

也就是說，開始的主題是「重新找回啤酒的魅力」。於是，我便企圖整頓整個物品製造的基礎。

「所謂的經典啤酒就在於真正的美味吧？」

「真正的美味來自於正確的製造哲學。」

「忠於製造哲學和原始思想，本來就是正確的。沒錯，這就是正道！」

「現在，消費者所追求的就是最真實的東西。」

就像這樣，我在事後增加了許多宛如任務般的項目。

可是，這樣就完全相反了。

如果商品創造的起點是我的個人任務，那麼真正的起點就應該是「希望把正確的未來傳遞給大家。希望打造帶來歡樂生活的商品和全新市場」。如果是平常的自己，就應該要那麼做才對。

為了帶給消費者正確的未來？還是為了完成公司所賦予的任務？即便都是「正統啤酒」，仍會因初始出發點的不同，而產生截然不同的結果。

後來，雖然這項企劃創造出不錯的啤酒，但最後還是因為缺乏真正的獨創性而宣告失敗。

找出組織任務和個人任務的重疊之處

只要隸屬於組織，就無法自由選擇上級交辦的工作。

即便是自由接案者也一樣，因為必須符合客戶的需求，所以很難單靠個人任務去創造商品。

既然如此，那就試著找出被賦予的任務和個人任務之間的銜接點或重疊之處吧！這是最實際的萬全之策。

收到組織任務時，我會去思考那個任務對社會有什麼益處、能帶給什麼樣的人幸福、能幫助解決什麼樣的社會課題。

然後，我會接著思考，那個任務和我的個人任務、人生目標是否有什麼重疊之處。

就拿前面的慘敗經驗來說吧！當公司把「奪回市占率冠軍的大型啤酒新商品」任務託付給我時，我應該更深入地思考「背後具有什麼樣的涵義或價值，是否能帶給人們幸福？」然後，我應該更徹底地深入挖掘「對別人有幫助」或是「實現更美好的社會」這些和個人任務重疊的部分。

「近年來，不得不降低成本、追求終極效率的啤酒產業，真的朝著讓人們更加幸福的方向前進嗎？」

「現在的消費者只想追求最真實的物品。而且那個傾向越來越強烈。」

「嚴格來說，未來的正統啤酒究竟應該是什麼樣貌呢？」

「光是透過嘴巴、眼睛、鼻子、喉嚨來感受美味是不夠的。符合道德倫理、有助於社會課題的解決、讓頭腦和心靈都因『美味！』而感動，進而產生共鳴的啤酒，才是最真實的。」

「那樣的啤酒能讓消費者的每一天都變得更加豐富且幸福。讓社會更加美好。」

只要能在最後掌握到「真實的啤酒」這個主題，這個任務就不會是任何人的，而是專屬於自己的個人任務，也就能秉持著「想把真實樣貌獻給消費者！」的想法，誠心誠意、發自內心地創造商品。

想法改變之後，會發生什麼事呢？

這個時候，你的構想就會逐漸膨脹，靈感就會不斷湧現。然後，就會掀起創造未來的巨大浪潮。

對了！就試著擬定一個名為「真實食品株式會社」的虛擬企劃吧！

不光是啤酒，連同最原始樣貌的雞蛋、香腸或蔬菜等所有食材一起思考，你覺得怎麼樣呢？

「真實食品株式會社」這個名字似乎很不錯。不管是否可以實現，至少能夠傳遞出「啤酒公司認真思考飲食，並積極採取行動」這樣的信息。

這個時候，我的個人任務很可能是創造一個消費者被真實的啤酒和食物所圍繞的未來，而不再只是受委託的工作。

找出符合公司方針的關鍵，也就同時找到專屬自己的任務。

你自己的「根」，也就是你自己的個人任務裡面，究竟埋藏著什麼樣的東西呢？現在就重新回頭檢視一番，然後妥善、細心地孕育吧！

理想是實現「五方受惠」

另一方面，如果你打算只完成個人任務就罷手，那麼你恐怕只能獲得狹窄範圍內的成功。

事實上，那個範圍是相當廣大的。儘管一開始的開發是以自己為出發點，仍然可能在過程中對組織問題的解決做出極大的貢獻，滿足消費者。甚至也可能解決社會的各種問題。只要能描繪出那樣的構圖，不只可以為自己或公司帶來利益，還能為整個社會帶來利益。簡單來說，就是有利於社會。

甚至，如果我們的行為模式能夠從過去的以人類為中心，轉變成以地球為中心（planet centric），那麼我們所描繪的故事不僅有利於人類，對於環境、地球更是最高的理想。

也就是說，最理想的目標就是「五方受惠」的實現——對地球、消費者、公司、社會、自己，五個方面都有益處。

過度自信所造就出的自命不凡，反而會讓人裹足不前。唯有重視、珍惜個人任務，才能培育出更強大的自己。

目標是五方受惠

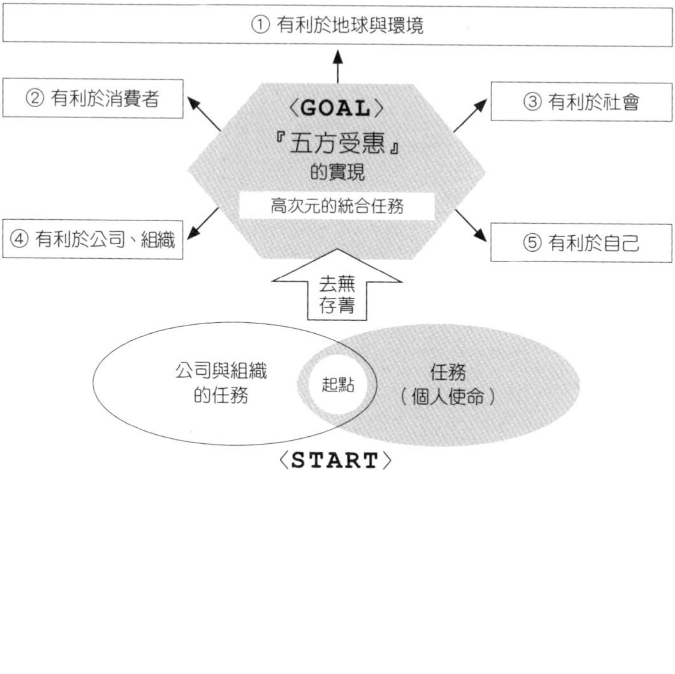
① 有利於地球與環境
② 有利於消費者
〈GOAL〉
『五方受惠』
的實現
高次元的統合任務
③ 有利於社會
④ 有利於公司、組織
⑤ 有利於自己
去蕪
存菁
公司與組織
的任務
起點
任務
（個人使命）
〈START〉

5 反覆提出商品創造的「三問」

在創造商品或構想的過程中，我總是會反覆向自己提出三個問題。

「真的能帶給人們幸福？讓社會變得更美好嗎？」

「有真正的獨創性嗎？」

「達到滿分一百分以上嗎？」

每個問題看起來似乎都很理所當然，但如果要同時滿足三個問題，卻又難上加難。

可是，若要在商品創造上揮出全壘打，就必須祭出具備所有條件的商品。

那麼，接下來就按照順序來看看吧！

「真的能帶給人們幸福？讓社會變得更美好嗎？」

滿足人們幸福的必要條件

企業必須展現其應有的樣貌或存在意義。最大的關鍵就在於，企業應該採取什麼樣的具體動作，才能夠創造出更美好的社會、為更多人帶來幸福。

換個說法就是，企業必須找出存在於社會上的各種不滿或課題，然後提出用來解決問題的手段或商品。

所以，我們必須隨時抱持這樣的觀點。隨時反問自己，自己創造的商品「真的能帶給人們幸福？讓社會變得更美好嗎？」

「KIRIN FREE」的誕生是為了解決「希望酒駕從世界上消失」的社會課題。「淡麗」這個全新的商品類別「售價十分親民，卻能高尚地享受正統美味」，如此一來「就能激勵更多人，為更多人帶來幸福」。

透過各種資訊網絡了解世界，尋找靈感吧！

現在，以經濟活動為首要的社會課題，已經從物質方面的豐饒轉向精神方面的富裕。

首要關鍵就是ＳＤＧｓ（Sustainable Development Goals，永續發展目標）。聯合國提出的永續發展目標共有十七項，只要是不符合十七項目標的商品或服務，就可能被以消費者為首的社會拒於門外。

可是，你還是能夠從這當中找出創造商品的靈感。特別有趣的是，把十七項目標加以細分的一百六十九個細項目標（targets）。因為細項目標的數量相當龐大，所以並不需要逐一細讀。不過，還是請你「隨意」瀏覽，試著天馬行空一下。最重要的關鍵就是隨意。因為當你掃過那些字眼時，很可能突然靈光一閃。當你的靈感碰到瓶頸時，或是企圖挖掘社會問題時，請務必嘗試看看。

或者，你也可以看看那些有得獎的「社會產品」（social product，基於社會考量而創作出的商品或服務），從那些商品的切入點或構想當中尋找刺激。

新聞報導、紀錄片、身邊所發生的事情、與朋友之間的對話……，可以透過各種不同管道去了解世界。若要讓社會變得更加美好，你就必須努力去了解社會的「真實樣貌」。

試著揪出社會的課題、不滿或不安吧！滿足人們幸福的必需品就藏在那裡。

「有真正的獨創性嗎？」

異次元或另一次元的「什麼」？

第二個關鍵在於是否具備真正的獨創性。

「比○○更厲害」或「更好的○○」，這種用比較級做出差別化的物品，都沒有真正的獨創性。

「originality」正如字義，指的是「獨創性」，獨一無二。就算被公司內部的同事或競爭對手說「你瘋了」，你還是要抱持著「想創造新事物」、「想改變世界」的強烈意念與「創造未來」的勇氣接受挑戰。關鍵就是不模仿任何事物，探求完全新奇的體驗。

「模仿不夠光明磊落」、「單純的跟風戰略是不道德的」，這些先進們的意見和指導，早就是麒麟內部根深蒂固的觀念。

當然，實現獨創性必須花費相當多的時間、勞力和成本。但是，你在過程中所投入的心思與精力，肯定能夠透過商品傳達給消費者。消費者必定也會以共鳴或支持的形式回饋你的用心。

在追求獨創性的成果時，態度和熱情才是最重要的。

「冰結」首創的包裝設計

消費者可以透過五感體驗到的地方，也能夠追求獨創性。

「冰結」開罐之後，因為內部壓力下降，加工在瓶身上的鑽石紋路就會浮現。這個獨特紋路除了提供起伏的手感，鋁材凹凸的設計還會反射光線，十分耀眼奪目。

甚至，不光是瓶身形狀的變化。大家應該都聽過開罐時的獨特聲響吧？其實這個聲音只是因為製造商的技術規格而產生的，並不是專門為這個形狀設計的。

但開發團隊發現「聲音＝價值」，那是五感對商品的期待感，是宣告快樂時光即將展開的信號，是打破封印結界的聲響。就獨創性來說，這樣已經十分足夠。

「搜尋不如發現」(I do not seek/research, I find) 是畢卡索留下的名言。獨創性不只是一味地思考或埋首研究，有時也會存在於偶然的「發覺」之中。具備那個獨到眼光的人，既不是天才，也不是藝術家，而是認真希望改變未來的那個人。

「達到滿分一百分以上嗎？」

超越消費者的期待值與感動水準

第三個重點是，商品的水準是否足以令消費者感動？

如果滿分是一百分，那麼「最少」應該要有一百分。如果可以，就以超過一百分、能讓人感動的一百五十分~三百分為目標吧！

不管如何，當然要想辦法達到一百分（達標水準）。但光是一百分還不夠。若沒有超越一百分，就無法創造驚喜或感動，而那正是開拓全新市場的原動力。

如果超過感動水準，會如何呢？

感動水準、達標水準、不達標水準

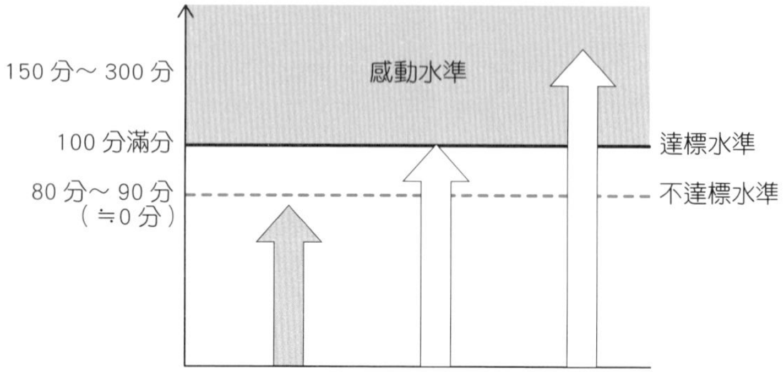

就會誕生一個全新的市場，這個市場會發展到幾乎需要一個全新名稱的程度。也就是說，會誕生一個就連消費者本身都有實際感受的未來。

再次用「冰結」來當作範例吧！

如果「冰結」只到一百分就止步，結果會如何呢？

「冰結」會以 CHU-HI 這個名稱獲得「十分美味」的評論。可是，因為無法帶來足以顛覆傳統形象的感動，所以評論恐怕也就如此而已。然後，就會在銷售數個月至半年之後，被捲入 CHU-HI 市場內的市占率鬥爭裡。市場沒有改變，還是老樣子。原本應該是耀眼、熱銷的商品，卻在不知不覺間成了眾多商品之一，被迫持續為生存而戰。這樣一來，別說長銷了，最後搞不好還會遭到埋沒，銷聲匿跡。

那麼，如果超過一百五十分，又會如何呢？

「這是什麼？我早就想喝這種酒了。還有沒有別的？」「徹底改變了我對 CHU-HI 的看法」，消費者會有這樣的反應。那份感動也會徹底改變消費者對 CHU-HI 的看法，就有機會開創出爽快酒精飲料的新市場。系列商品開發等後續商品的投入，或是競品的跟進，也會變得更加活躍。

那麼，未滿一百分（不達標水準）又會如何？

嚴格來說，只要未滿一百分，不管是八十分、九十分，還是五十分、零分，其實都是一樣的。基本上，不管有什麼天大的理由，推出未滿一百分的商品就是對消費者的失禮，也可能辜負消費者對企業的信賴。因此，即便是九十九分，只要未滿一百分，就一律等同零分。

事實上，不管花費多少時間和心力去創造商品，多數情況還是會以不達標水準收場。你當然也不希望如此，也可能有各式各樣的理由，對吧？但消費者並不了解箇中原因，他們只是單純對商品感到不滿意罷了。

其實在開發 CHU-HI 的新商品時，曾經發生這樣的意外。

對於團隊積極推動的正式方案，技術部門表示，「這個方案沒辦法實現，希望你們可以放棄」。當時正處於銷售時間迫在眉睫的緊急狀態。

於是，團隊馬上花費數天檢討出替代方案，決定投入暫定商品（八十～九十分）應急。然後，在成功克服技術問題的階段中，團隊再次得到了全新結論，決定投入第二波的正式方案（一百五十分以上）。而我也努力說服自己：「這是個實際且穩定的成熟方案」。

可是那天晚上，在團隊的慶功聚餐中，某位年輕成員說出了一番言論，「未滿一百分的商品對消費者太失禮了，剛開始我真的很難過。就算花再多時間，我還是希望做出一百分以上的商品。我想看到消費者滿臉驚喜的笑容！」

聽到這番話，大家這才回過神來，「好！那我們就以三百分為目標吧！」於是，我們向現實妥協的對策，不到一天就消失了。隔天，團隊便從零開始重新開發，最終才有了「冰結」的誕生。

一個人無法實現一百分以上的分數

一個商品的完成需要許多人的參與，歷經許多過程。理想情況下，所有的一切將超過一百分，它們將累積起來，透過協同效應（synergy）相乘。透過彼此的互補和化學反應，慢慢提高完成度，就能獲得足以開創出新市場的最高得分。

例如，我向設計師提出請求，「有沒有一眼就能瞬間傳達商品概念的設計？」結果總是令人驚呼「就是這個！」「原來還有這一招！」收到的提案往往都是超出期望的優異設計。在把想法化成具體樣貌的過程中，只要再巧妙地加上全新價值，就能進一步創造出更加閃耀的商品。

在廣告表現或推廣開發的過程中，也經常會發生相同的情況。

這就是商品創造，你永遠不知道接下來會發生什麼事。

正因如此，只滿足消費者的笑容是不夠的。描繪出消費者的驚喜臉龐，持續擦亮商品，才是主要關鍵。

不要以一百分為目標，以兩百分、三百分為目標吧！

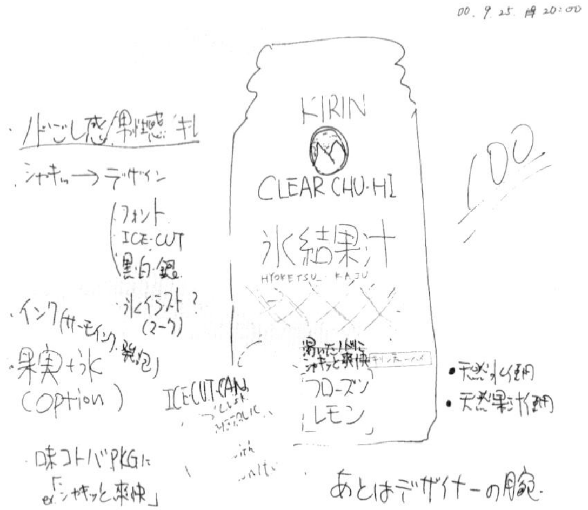

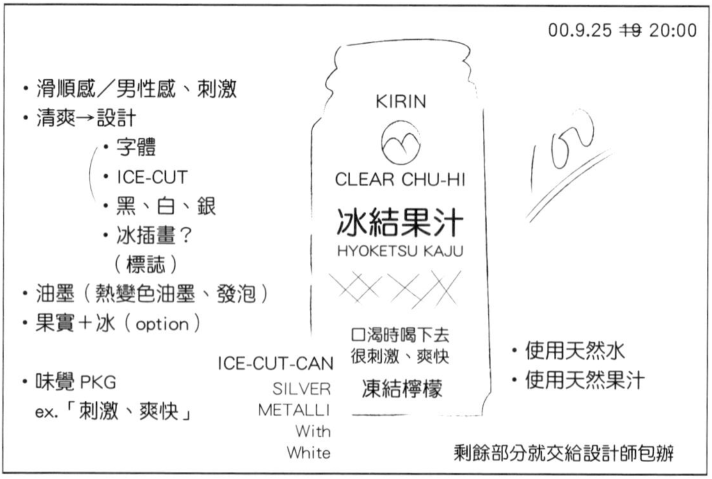

「冰結」開發團隊的白板截圖（原圖字跡模糊處經作者確認）

6 用「1W＋4W1H」去思考，而非5W1H

總之，就從「Why」開始

大家應該都聽過，由When（何時）、Where（何地）、Who（和誰）、What（做什麼）、Why（為什麼）、How（怎麼做）所構成的「5W1H」。

運用5W1H的好處之一是能毫不遺漏地彙整資訊，而且不會有任何重複。在創造商品時，5W1H也能發揮相同效果。

創造商品時，首先最該思考的是What和How。思考商品的概念、特色和名稱（What）是十分令人興奮的環節。討論該提出什麼文案、尋找合適的廣告代言人、採取什麼標題等廣告戰略（How）的過程也十分有趣。

可是，請先暫停一下。5W1H的思考順序具有十分重要的意義。

如果把心思全部投注在比較容易上手的What和How上面，當自己在開發過程碰到瓶頸，或是遭他人質疑「那麼做能賣得出去嗎？」「沒有其他選擇方案嗎？」的時候，就會陷入疑惑而失去方向。

基本上，你想創造的是什麼商品？

自己希望透過創造的商品，實現什麼？

之所以會有那樣的煩惱，是因為你沒有確實挖掘出相當於「目的」(Why) 的根本部分，所以才會在遭受他人質疑或感到迷惘時，找不到初心或依歸，甚至就連現在身在何處都不知道。

另外，影響成功與否的因素並不僅止於肉眼可見的 What 和 How。問題的關鍵在於「Why」，也就是商品的骨骼，「那個商品的存在意義是什麼?能夠帶來什麼樣的未來?怎麼做才能有利於人們或世界，讓社會變得更美好？」

就這個意義來說，Why 可說是5W1H當中最重要的，特別把它獨立出來也沒問題。現在就把1W(Why) 獨立出來，以「1W＋4W1H」的形式去思考吧！

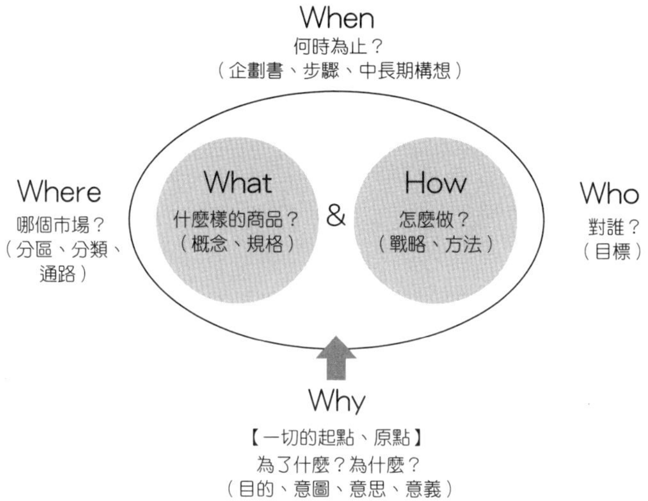

Why　為了什麼？為什麼？（目的、意圖、意思、意義）【一切的起點、原點】

What　什麼樣的商品？（概念、規格）

How　怎麼做？（戰略、方法）

Who　對誰？（目標）

Where　哪個市場？（分區、分類、通路）

When　何時為止？（企劃書、步驟、中長期構想）

也請大家注意一下 When 和 Where 的差異。因為消費者「在什麼時候、什麼樣的時機、在哪裡購買使用？」是放進 What 和 Who 裡面。所以，實現構想的企劃書或步驟、市場或通路等，就改放到 When 和 Where 裡面。

反覆「Why?」，使目的更明確

我想大家都知道 Why 的重要性，但光是思考，還是沒辦法讓目的更加明確。觸及問題的本質，本來就是非常困難的事情。

這種時候，建議反覆深入思考「Why?」

豐田汽車在發現問題時，用來挖掘答案的「五個為什麼分析法」(5 Whys) 非常有名。這是在發生問題時，不斷反覆問五次「為什麼」，藉此來釐清因果關係，讓真正必須解決的問題逐漸浮現的手法。

同樣地，只要頑固地反問「為什麼」就能向下挖掘出「為什麼自己要創造那個商品」、「為什麼社會需要這種商品」的目的。最重要的關鍵就是，那個商品會不會成功？能不能踏上長銷的道路？確實地深入思考吧！

當我自己接到案件時，我也會反覆很多次的「為什麼」，不斷向下挖掘。如此就能看見案件或問題的「本質」，從根本做出對應。

可是，如果每次都這麼做的話，可能會被下屬當成「吹毛求疵的上司」，讓人望而生畏。所以請盡量在必要的時候再使用吧！

第2章
培養「靈光乍現」的習慣

構思商品創意、實現創意的靈感發想法
靈感多出他人一倍的七種技巧

7 靈感在「機緣巧合的偶發力」下爆發

提升發想力的祕訣

把描繪遠大夢想的「願景」和眼前的「現實」連接在一起並不容易。

如果要創造出過去未曾存在、未曾想過的全新事物，就必須擁有超凡的獨特靈感。

可是，靈感並不是隨便喊一聲「出來！」就能簡單冒出的。我自己也不是那種隨時都能文思泉湧，總是有滿滿靈感的天才型創造者。正因如此，我才會在日常生活中，隨時注意各種小細節，一邊累積想法，一邊找尋商品創造的靈感。

接下來，就讓我這個努力型創造者來跟大家分享「任何人都能簡單實現的靈感發想法」。

簡單來說，只要把下列三個要素相乘，就能大幅提升發想力。

①大量吸收各種想法
②對構想、願景的熱情
③捕捉靈感的能力

第一個要素是「大量吸收各種想法」。如果腦袋裡面空空如也，當然就不會產生任何想法。因此，擁有的資訊越大量、越多元，當然是最理想的。雖說「品質」也非常重要，不過首先還是應該以「量」為優先。在這三者當中，最重要的就是輸入的「絕對量」。

第二個要素是「對構想、願景的熱情」。「又是熱情嗎……」，看到這裡，或許有人會這麼想。不過，如果希望產生足夠堅韌的靈感，就絕對不能欠缺熱情。「難道沒有更好的點子嗎？」「我想要有更多的獨創性」，擁有足夠的熱情，才能毫不氣餒地持續探尋。唯有如此，才能找到真正滿意的點子。

第三個要素是「捕捉靈感的能力」。同樣的一顆石頭，有人認為「那只是顆石頭」，有人卻會深入思考，「搞不好這是非常珍貴的礦石」，故事的結局會因為想法的不同而改變。能不能找出價值，然後加以活用，全憑個人意志。你是否擁

發想力的公式

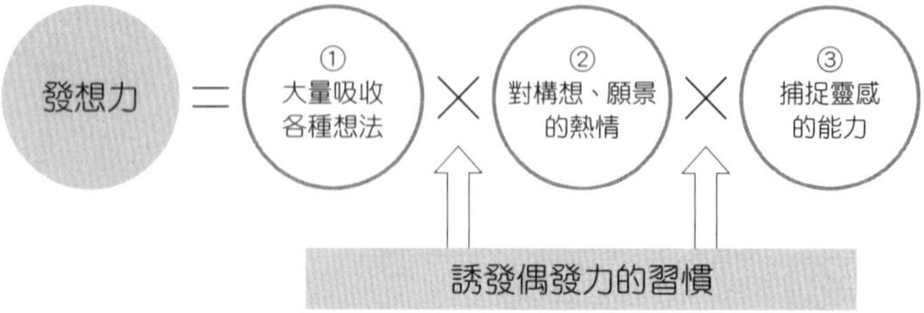

有隨時提問的敏感天線？找出價值的知識？自由的想像力？

靈感不會從天而降。唯有靠自己的習慣和努力，靈感才會主動找上門。

如何主動誘發「機緣巧合的偶發力」

把①～③的要素連接起來，使其成為發想的契機，便是偶發力（serendipity）。

就是以「偶發力」為契機，獲得改變人生的幸運。留意生活中小小的對話、偶發事件等突然引起的化學反應。然後，就能發掘到有所幫助的靈感，改變人生。

任何人身上都可能發生這種事。不要只是靜靜地等待，而是可以自己去接觸找尋。只要踏出自己熟悉的圈子，採取行動，就很容易有機會觸動這種機緣巧合的偶發力。

例如，在書店隨手拿起一本書翻閱，或是稍微觀察一下哪本書比較受歡迎，有時就會產生靈感。

又如，在辦公室站著聊天或聚餐時的閒聊。其實現在甚至還有一些企業鼓勵員工閒聊。「最近都在做些什麼？」「最近沉迷什麼？」「最近關心的話題是什麼？」試著聊些無傷大雅的閒話吧！在一如往常的行動範圍內，只能得到可預知的資訊（來源），所以要試著找朋友聚餐、或前往一些聽過卻沒去過的地方，做一些與平常不同的行動。

或是善加活用一些經過設計安排的環境，像是社團、社群服務或聚會，這樣比較容易有機緣巧合，隨時都能激起偶發力。

例如，共享辦公室「WeWork」會頻繁地安排活動，而租用辦公室的各個社群都會有一位負責人積極透過活動把彼此串聯起來，讓不同社群有機會相互認識或建立新群組。

位於惠比壽、澀谷的「6curry」是以「咖哩能混合、人也能混合」為主題，把會員串聯起來的社群服務。在這裡，工作人員和消費者可以一起用餐，還可以交換舉辦活動的心得和異業合作的點子。

「GENERYS」則是匯集跨世代的人同心協力與共同創作的平臺。透過線上虛擬與實境交流，混合不同價值觀，成為一個新的生態系，更容易激起意想不到的化學反應。

參加這類社群或集會時，有一些訣竅。

首先，要有建構「良好人際關係」的意識。若只是一味地交換名片，增加點頭之交，並不會帶來任何效果。試著透過可以促進良好人際關係或互動的對話，一邊享受彼此的信賴關係來結交終生的朋友吧！

再來，不要在意公司名稱或頭銜。自鳴得意的談話內容會在你與對方之間形成一道高牆。要隨時注意建立一個平等的關係。頭銜或實績都是過去的事。共同思考未來是否有機會一起合作吧！

最後，提起勇氣參與或直接成為主辦單位。藉由遼闊的人際網絡更可以增廣見聞，享有更加有趣的體驗。

最近的社群大多降低了管理方和參加者的門檻，任何人都有機會成為管理方，甚至是鼓勵大家成為管理方。其實我非常怕生，但正因如此，我才更加建議盡量多少投入主辦單位的活動，讓自己有事可做感到自在，才不會因為不了解而心虛不安。

在日常生活中，請務必將「激起偶發力」的行動變成一個習慣。或許不能馬上看到效果，但那些能量肯定會在你的內心慢慢累積。

8 輸入、輸入，總之就是不斷輸入

輸出量與輸入量成正比

前一節提到「大量吸收各種想法」是提升發想力的要素之一。

空空如也的大腦無法產出靈感。輸入吸收正是靈感的來源。如果想要有輸出，就請先努力地輸入。

輸入吸收的來源相當多元。

網路、書籍、雜誌、新聞、電影、電視、動畫影片等，什麼方式都可以，不要有任何偏好，就以「雜食」、「雜讀」、「雜視聽」的形式輸入吧！

例如，在理髮店或診所等候時，你可以嘗試翻閱那些放在現場、平時不太會去接觸的雜誌或手冊。健康雜誌、女性雜誌、男性雜誌、時裝雜誌、城市雜誌等，都是未知的寶庫。

開了電視，不要只看自己喜歡的節目。連同BS、CS[4]在內一起頻繁地轉臺觀賞吧！也可以登錄關鍵字，把影像預錄下來，有空時再看。

特別值得注意的是E電視[5]或NHK、BS，其中有深入探究某主題的節目，觀賞那種節目就很可能挖掘出靈感的種子。

此外，平時很少接觸的歷史、文學、美術、音樂等節目，也需要特別留意。承續久遠的傳統、文化或古典作品，就是長銷、超越時代的存在，應該蘊藏著能夠加以活用的靈感來源。

看似與工作毫無關係的宇宙、生命科學、最先進科技等科學知識，也有助於打開視野，幫助我們察覺到更多不同的觀點。

另外，在網路上購物時，除了查找自己需要的商品，也要毫無遺漏地搜尋相關商品或類似商品。試著點進網站推薦的其他商品連結，逐一確認自己沒有搜尋

4 編註：BS（broadcasting satellite）、CS（communications satellite）都是衛星電視（有線電視），差別在於使用的轉播衛星不同。比起BS、CS，日本的主流是無線電視（日語稱作「地上波」）。

5 編註：E電視（ETV）是日本的公共廣播媒體機構「日本放送協會」（Nihon Hoso Kyokai, NHK）旗下的教育頻道。

到的部分。網路世界充滿了偶發力。不要去理會是否專業或自己有沒有興趣，直接懷著旺盛的好奇心不斷探險吧！

說到以商品創造為目的的大量吸收，大部分的人都是以「現在流行什麼」、「人們有什麼興趣」等馬上可以使用的資訊為目標。但請不要忘記，「現在流行什麼」是早已「過去」的事情。輸入是為了累積開創未來新市場的材料或觸媒。「需要收集的並不是能夠馬上使用的材料」，請把這一點銘記在心。

用於未來新市場的靈感，會在投入大量資訊的「腦內雜燴湯」中逐漸成形。不要受限於短期、市場行銷的觀點，總之就先不斷投入各式各樣的材料吧！

建議「跳脫日常」

一直用相同作法搜集資訊，就會老是搜集到類似資訊。這時，「跳脫日常」就能有效消除那種偏見或一成不變。在日常生活中輕鬆跳脫日常的方法有「改變身處的環境」、「改變朋友圈」和「改變閱讀的書籍」三種。

「改變身處的環境」

出去旅行。去未曾去過的地方。或是試著改變居住的場所。

也有更簡單的方法。例如，換間不常去的咖啡廳、走進總是過門而不入的商店、換間健身房等。

去陌生的街道散步、走小路抄捷徑、在中途下車。不同以往的場所總會有滿滿的驚喜發現。試著踏出原本的舒適圈吧！

藉由不同的視野、跟過去不一樣的氛圍，就能獲得全新的察覺或新奇資訊的輸入吸收。

「改變朋友圈」

結識新的夥伴、刷新價值觀，接觸未知的世界吧！

例如，開始學習新的事物，參加社群或研習會、志工活動等。也可以投入陌生的副（複）業、試著參加群眾募資的企劃。

改變自己的角色，挑戰全新的世界，也是種有效的方法。如果你向來做事謹慎，就試著讓自己成為配合度絕佳的人。除了能改變現場氣氛、對方的發言或反應之外，還能發現自己不同的一面，格外有趣。

改變朋友圈，不僅能增加輸入源，幫助自己發現商業機會或社會課題，也可望獲得相乘效果或化學反應。順利的話，還能結識新的朋友或夥伴，可說是一石四鳥，絕對有拿出勇氣一試的價值。

「改變閱讀的書籍」

試著在書店閒晃找書。看看自己平常不太可能翻閱的書，或是隨機拿一本，又或是拿起企圖購買的書隔壁的那本。最近市面上也增加了許多有個性的書店，會特設獨家推薦書櫃。以找尋題材、走馬看花、觀光旅遊的心情隨意瀏覽，也是挺有趣的。

如果是圖書館，那就去平時不會去的區域的那一間停留五分鐘，或借一本家人正在看的書、問問朋友最近有沒有什麼有趣的書，又或是重讀經典書籍等。

當然，書評、排名如何都沒關係。若希望增加更多不同的輸入資訊，就努力試試各種不同的入口吧！

此外，也請試試電影、音樂、繪畫或戲劇等各種類別。

利用「多重標籤」整理腦內資訊

我不是天才，也沒有出類拔萃的記憶力。

但在關鍵時刻，我總是能一副「包在我身上」的態度，脫口說出「那麼，這麼做如何？」然後，一鳴驚人。

我能做到這樣，是因為在記憶那些輸入資訊時，特別下了一番功夫。

在記憶單一資訊時，我會盡量貼上更多的標籤。就像在 Instagram 或 Twitter 貼文時，大家都會加上「＃○○○」這樣的主題標籤，對吧？

同樣地，對於最好用自己的腦袋牢牢記住的資訊，我也會加上更容易搜尋的標籤。

例如，打算把電視節目介紹的某種文具「A」記下來時，我會加上「＃提升工作效率」、「＃設計感」、「＃色彩變化」等標籤。當然，因為記憶沒辦法貼在實物上面，所以這裡的標籤是指虛擬的標籤。

經過一段時間後，假設某人提到色彩變化的話題，這時我就會用「#色彩變化」進行腦內搜索，挖掘出好幾個相關資訊。結果，有著相同標籤的文具「A」就會出現在其中。同樣地，如果聊到「該怎麼提高工作效率」時，我就會用「#提升工作效率」挖掘出文具「A」。就像這樣，「多重標籤」的目的，就是希望透過多種主題挖掘出必要資訊。

當然，因為那些標籤都是腦內的虛擬標籤，所以也會有不太順利的時候。可是，我保證你絕對能更妥善地運用記憶。

9 激發靈感的五種「Eureka」瞬間

所謂的創新是已知事物的結合

大家常把創新(innovation)、從零開始的發明(invention)和全新發現(discovery)混淆在一起。奧地利的政治經濟學家熊彼得說:「創新是既有事物的全新組合。」找尋未知事物相當費力,但如果是已為人知曉的話,便不需要費神去探尋。

在說明創新是什麼時,我最常舉的例子就是「草莓大福」。讓這個創新一舉成功的人,是一位負責重建老字號和菓子店的第三代店主。據說他當時沒日沒夜地構思店內的招牌商品。

「如果有西洋甜點店那種草莓蛋糕可以當招牌商品就好了。草莓好吃又華麗,真的很不錯。等等,如果用我們家的大福搭上草莓,會怎麼樣呢?」

「草莓」和「大福」都是我們日常生活中十分熟悉的食物,只是將兩者組合搭配，就開拓出前所未有的全新世界，帶動了創新。

試著探尋自己身邊的「意外」和「全新」組合吧！如此一來就能更容易地激發出帶動創新的靈感。

靈光乍現，「Eureka」的瞬間

「Eureka」是希臘語「我懂了」的意思，是發現某事物時所使用的感嘆詞。古希臘的數學家阿基米德 (Archimedes) 看到從浴缸內溢出的熱水後，猛然想到檢驗皇冠是否為純金的方法，因而興奮地大喊出這句話。

對阿基米德來說，那次的熱水澡或許就是他的靈感來源。對其他人來說，那是種容易靈光閃現的狀態。

「自己在什麼情況下比較容易產生靈感呢？」只要仔細觀察這一點，就能夠重現那樣的情景。

當然，並不是只要營造出那樣的情景，靈光就一定會閃現。

跟牛頓 (Isaac Newton) 有關的那個知名的蘋果故事也是，其實那並不是一個

「看到蘋果從樹上掉下來，就發現萬有引力法則」的單純故事。據說長期以來，牛頓一直感到很疑惑，「為什麼蘋果會落到地上，月亮卻浮在空中不會掉下來呢？」他一直在尋找足以解答心中疑惑的邏輯。正因為有這樣的前提，他才會在看到蘋果掉落的瞬間豁然開朗，「Eureka!」（這個軼事有很多種不同的版本）。

前面提到的和菓子店第三代店主也是如此，在思考、煩惱、努力的基礎上，某些細微的契機或「那個瞬間」形成觸媒，進而促發了靈感的閃現。

因此，只要想辦法了解自己的「那個瞬間」，靈光閃現的機率就會大幅提升。只要找到專屬於自己的稀少潛在性格出現的時間或場所，自然就能提高捕獲靈感的機率。

就我個人的情況來說，我最常在泡三溫暖或上廁所（小號）時，突然發生大喊「有了！」的瞬間。此外，靈感閃現的場所也會依靈感的類型或目的，而有好幾個不同的地點。

共通的關鍵是，幾乎都在身心極度放鬆時發生。在緊張或鬥志高昂時，基本上都不太可能有靈感。

靈感激發的五個瞬間

以下分享我個人的「Eureka!」瞬間供大家參考。大致可分成五個瞬間。

小小靈感「小小 Eureka!」

〈場所〉議程碰到瓶頸時的中場休息（上廁所等）或午餐時間、泡三溫暖時。

〈特徵〉希望思考出企劃或構想的核心詞、關鍵字或決定性的一句話。在經過反覆討論與思考後，希望一口氣解決或有所突破時特別有效。就像突然中樂透的感覺。

整合要點「流程 Eureka!」

〈場所〉散步，刻意走動時。

〈特徵〉希望針對某個主題進行撰寫、討論、架構或思考時特別有效。在腦中唸出內容，就會浮現出更敏銳的觀點、修正處、改良點。

讓靈感天馬行空「紙上Eureka!」

〈場所〉在辦公桌前專注於電腦或文書工作時。

〈特徵〉把分散的想法化成文字和形狀，思考彼此的關係或組合。寫出視覺形象和文字、找出關係性。

在一天的最後「整理、統籌的Eureka!」

〈場所〉泡三溫暖或泡澡，沒有其他事可做，能夠專注思考時。

〈特徵〉在總結、計劃、排序、充實自我、提出其他方案或替代作法、推敲等時機使用。在一天的最後，完美總結當天的想法和所做的事情。

靈感小宇宙「大爆炸Eureka!」

〈場所〉在半夜或天亮前清醒、睡不著的時候，一年數次的黃金時間。

〈特徵〉全新的靈感如怒濤般襲來。瞬間輸出煩惱已久的問題解答。持續數小時，起床後馬上著手將企劃的要點寫下來。

依照不同的目的，製造出自己吸引「Eureka」的瞬間，就不會有「一直沒靈感，該怎麼辦……」之類的惶恐不安。

當工作進度不如預期，或是在截止期限之前仍沒有絲毫靈感時，往往會因為不安或焦慮而不知所措。這樣一來，反而會讓大腦越來越萎縮。

這個時候不要焦急，「現在我想先思考這一項，所以就先採用那個方法吧！」只要這麼想，就會感覺輕鬆一點。了解自己的「Eureka」瞬間和模式，持續不斷地捕捉靈感吧！

10 尋找最大的變化和先行市場

探詢長期大趨勢的變化

如果要挖掘出商品創造的機會區，關鍵當然在於掌握社會變化與市場動態。創造全新市場的長銷商品靠的並非短暫的流行或變化，必須著眼在開創強大且長期的潮流趨勢，一旦改變了就回不了頭。

我認為社會的變化可分成下列三種。

① 循環

周期較短，雖然熱度會短暫上升，但很快就會下降。像這種定期反覆興衰的現象就是一種「循環」(或是潮流)。

例如，時尚的流行。此外，「珍珠奶茶」、「唐揚雞」之類的「○○潮流」就是最典型的循環。通常發生在範圍有限的業界、類別內。

循環、趨勢、大趨勢的示意

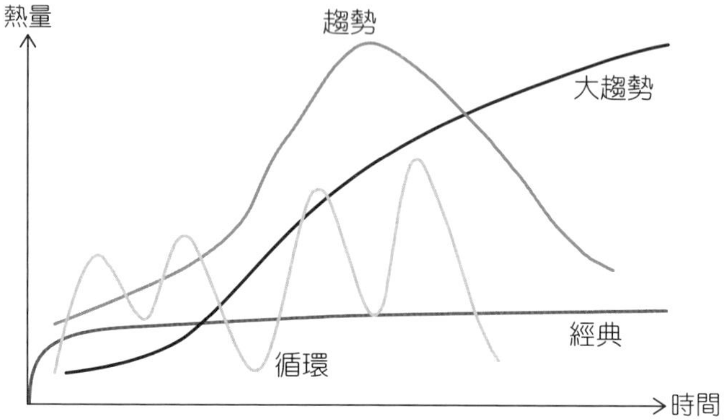

②趨勢

具有相對長期且持續的傾向。意指一旦改變，就不會馬上退燒的潮流。但不管如何，趨勢最終還是會有散場的一天。「趨勢」這個詞大多用來表現「流行、潮流」的意思，例如時尚趨勢或Twitter的網紅趨勢。但如果是形容市場的話，則代表該市場具有中長期穩定的「傾向」。

③大趨勢

大趨勢是比趨勢更漫長且持續的傾向或涵意，是以數十年為單位的長周期潮流，不僅跨越廣大的業界或國境，同時更是對廣泛的類別或地區、年齡層帶來巨大且不可逆的變化。

被稱為「成長市場」、「有潛力的市場」等的市場或類別，大多都是以這種大趨勢為背景。

長期傾向這一點，和所謂的「經典」有點類似。就是即便經過數十年，魅力與價值仍然不會有太大的起伏，維持不變。

短期觀點下的商品開發，通常都是著重於循環或趨勢。簡單來說，最主要的關鍵就是速度。可是，我們所追求的商品創造則是著重於十年、二十年、三十年後的長期觀點下的市場變化。若要開發出全新的創造性商品，首要條件就是看穿趨勢變化的預兆和大趨勢的動態。

應該牢記的三個「超」大趨勢

目前有許多備受全球矚目的大趨勢。例如，數位化、虛擬化、分散系統化、無碳化、非接觸化、食物短缺與替代性肉品等。這裡沒辦法逐一介紹，因此以下僅分享未來五十年或更長時間內，會對所有產業的商品創造帶來影響的三個「超級」大趨勢。

超大趨勢之一：健康意識

「健康意識」這個超級大趨勢，應該不需要多做說明吧！

說到飲食，除了排除、減少各種有害身體的添加物之外，積極促進健康、預防疾病的功能，更是消費者所持續追求的。補充營養的營養輔助食品、免疫系統保健品等商品就是最經典的範例。

另外，精神方面的滿足也是關鍵。「淡麗綠標」在成功減醣七〇％（事實）的同時，也把「減醣＝輕鬆、無負擔」的獨特優勢融入品牌概念之中，進而成為長銷商品。

由此可見，「舒適」、「滿足」、「減輕罪惡感」等情緒或心理方面的好處，已經變得越加重要。

健康意識甚至還能不斷延伸至心靈、運動、衣著、住宅、遊戲等娛樂領域。日用品類的天然成分（對洗髮精、護髮素、洗衣精原料的堅持）、精神方面的健康促進（草本營養補充品、冥想、正念）、健康勞動環境的完善（身體輔助裝置、附帶風扇的工作服等）。這些全都是基於「健康意識」所開發的商品。

超大趨勢之二：良知消費

所謂的「良知消費」是指，選擇為人類、社會、地區或環境設想的商品或服務的消費行為。

例如，員工被迫以偏低薪資付出勞力，才得以維持較低售價的商品，或是對環境有明顯危害的商品，都稱不上是具有良知（道德）的商品。未來，這類商品可能無法獲得消費者的支持。「想做正確的事」、「想遏止錯誤的事」這樣的心情，正一點一滴地支配著人的行動或情感。

就如同SDGs或ESG投資（投資將環境、社會、公司治理納入決策的企業）逐漸攀升那樣，現在也已經有許多國家和企業開始以良知作為擬定成長戰略的核心基礎。

面對物種存續、滅絕的全球性危機，希望「留給後代子孫更好的地球環境」、「讓這個世界變得更加美好」，有這種想法的人變多了，而實際採取行動的傾向也有增強的趨勢。例如下列幾個案例：

- 地產地銷（在地生產、在地消費）運動。提高消費者對在地農作物的愛好，讓地方產業更加活絡。減少運送成本與碳排放，有利於環境。
- 公平貿易產品（在開發中國家生產，以公平價格交易的農作物或產品）。可幫助參與生產的人自力更生。
- 包包或運動鞋的非皮革化（愛護動物、避免製造過程中的化學物質造成環境汙染）。
- 擴大減少食物浪費的活動。

超大趨勢之三：「人口動態」所造成的變化

生活在無法預測未來的社會裡，有個唯一能夠確實預測的未來。那就是隨著人口動態而變動的變化。

除了以人口減少為主的少子化、高齡化、未婚率和離婚率的上升等基本指標之外，國民生活基本調查所公布的戶數、照護狀況、平均壽命、聘僱實際型態等數據，也都是能為擘劃未來、商業創意帶來更多靈感的寶庫。

如果要透過人口動態數據看出未來的趨勢變化，就要仔細觀察①時代效果、②老化效果、③世代效果所帶來的影響。

①時代效果

深受那個時代所影響，所有世代都會受到嚴重影響的價值觀、消費傾向。變化的幅度非常大，但是容易恢復且變動。例如最近的「巢籠消費」[6]（宅經濟）、「體驗消費」[7]等。

②老化效果

無關時代或世代，隨著年齡增長而逐漸改變的價值觀或生活型態。例如「進出醫院的頻率，隨著年齡增長而增加」、「四十歲之後，開始愛上日本酒」等。

6　編註：巢籠消費是指就像窩在巢裡的鳥一樣避免出門，利用網路購物、宅配服務的消費現象。

7　編註：體驗消費是指除了商品本身的功能與品質之外，影響消費行為的因素也包括服務、與商品、品牌互動所得到的總體感受。

③世代效果

又稱為「世代效應」(cohort effect)，反映了特定時代環境的某世代意識或價值觀等，就算經過多年，仍維持原有的樣貌。「Z世代」[8]、「寬鬆世代」[9]、「團塊世代二世」[10]等都具有各自的特徵。

社會隨著世代交替會產生極大的變化。不管你自己如何看待那些變化，還是應該養成習慣，定點觀測世代交替所產生的時代「變化潮流」。

開發「冰結」時，我也有過類似經驗。當時市場調查中的「世代效果」分析，

8　編註：Z世代指一九九〇年代中後期至二〇一〇年代前期出生的人。

9　編註：寬鬆世代是指接受「寬鬆教育」的世代，大約生於一九八七年四月至二〇〇四年三月。「寬鬆教育」是日本政府為了減少以往高壓教育所造成的霸凌、輟學、惡性競爭、自殺等問題，而從二〇〇二年度新推行的中學課程綱要，大幅精簡了學習量與授課時間，但此計劃因引起學力降低等批評，只存在不到十年就廢止。

10　編註：日本戰後第一次嬰兒潮所出生的世代被稱為「團塊世代」，團塊世代二世則指團塊世代的孩子，大約在一九七〇年代前期誕生。

日本的總人口推移

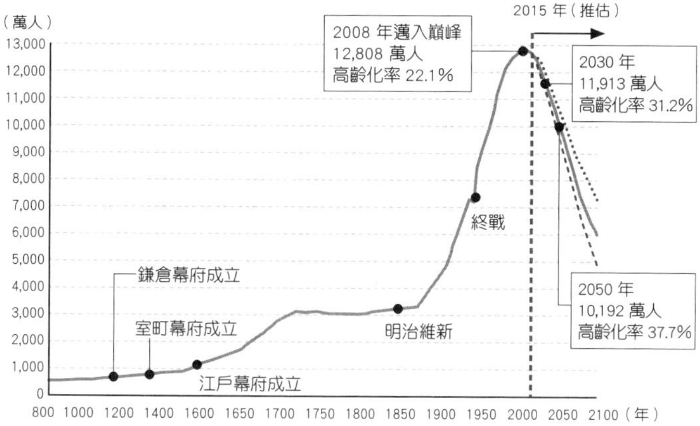

出處：「『國土的長期展望』最後總結，由參考資料（2021 年 6 月國土審議會計劃推廣部會　國土長期展望專門委員會）」加工而成

對擘劃市場和擬定企劃書十分有幫助。

在一九九〇年的調查中，對於「你最喜歡的酒精飲料是什麼？」這個提問，所有世代的答案幾乎都是啤酒。十年過後，也就是二〇〇〇年時，二十多歲族群的第一名變成 CHU-HI 雞尾酒，啤酒則退居第二位（女性的傾向更為顯著，約半數以上都回答 CHU-HI 雞尾酒）。

「如果這是『世代效果』所呈現的樣貌，那麼在這種趨勢的延伸之下，十～二十年後的酒類市場會有什麼變化？現在的十多歲族群成年之後，那種傾向肯定會更加強烈……」如此一來，推估中長期發展的方向，可以很清楚知道要如何維持及保有市場。

當然，這個假設並不是全部，但它確實讓我定下了當時的長期戰略。我非常清楚「冰結」是個能夠與大趨勢緊密相連，並且正中未來紅心的優異商品。

找出「淡麗」商機的「先行市場」

還有另一種挖掘商機的靈感來源，那就是「先行市場」。這是指透過觀察其他市場的變化，找出在全新市場可能發生的變化模式、靈感或參考事例。也就是說，「未來將產生的變化已經先在其他市場發生」。

那個先行市場不一定會發生在企圖開發類似商品的同業裡。反而幾乎都是發生在截然不同的領域或海外市場。

找到先行市場之後，就先分析促使市場擴大、轉變的主要原因，然後試著把那個原因套到自己正在推動的市場。

開發「淡麗」時，我們把重點放在美國的啤酒市場。在一九八〇年代至九〇年代期間，售價低於一美元的低價啤酒占了整個市場的一半以上。儘管當時正值經濟繁榮的絕佳狀態，低價啤酒的市場占比卻持續攀升。

在日本方面，剛上市的發泡酒則是呈現市場占有率未滿一％的狀況。

於是，我就把美國的啤酒市場當成「先行市場」，然後做出這樣的假設：「很有可能在十年、二十年之後市占率達五〇％左右，而且主要是來自於家用支出」。

老實說，沒有人知道新市場會如何變化。

但只要有先行市場，便可以做出假設，降低風險，預估未來。也就是說，只要參考先行市場，就能建構出更完善的企劃書，加深對企劃的信心。

就我個人的經驗來說，面對內部相關人員時，先行市場的實績是非常有效的說服材料。如果在雙手空空的狀態下提出「預估銷售一年後，能夠達到如此數值」，這樣的企劃往往會在質疑聲浪中無疾而終。但只要展現出先行市場的成果，企劃書被判斷為「可能實現」的機會就大很多。

從根源相同的事物找尋「先行市場」

前面提到的「淡麗」，是把國外同為啤酒類飲料的商品實例當成先行市場。其實就算是不同業種，還是能夠找到先行市場。

基本上，關鍵就是以「同根源」的觀點去找尋。

例如，開發乳製品時，根據「愛好大自然」的共通點去尋找護髮產品的市場。開發白色家電時，根據「偏愛白色」的共通點去尋找餐具市場。就像這樣，即使是不同類型，只要試著找尋選擇標準相近、作用或意義類似，或是某些根源共通的商品，便能挖掘出許多各方面的先行市場。

試著想想看，什麼樣的商品類別能成為先行市場吧！相反地，你也可以在發現某些變化之後，才評估是否能把它當成先行市場，再來構思企劃書。

11 對堅實商品有「愛」

把不變的事物放在堅實的基礎上

人對「變化」十分敏感。尤其在參與市場行銷、商品或事業開發時，更會時刻抱持「變化＝機會」的意識。因此，往往會不自覺地把注意力放在變化上面。

可是，定睛看準尋常且永恆不變的事物，也是非常重要的觀點。為什麼呢？因為就算時代或人會改變，還有很多事物是不會改變的。不管哪個國家、地區、民族，也不論性別、年齡，有很多普遍的價值觀或偏好是不會改變的。而事實上，那些不變的事物反而擁有更堅不可摧的實力。

前面介紹了三種超大趨勢。每種趨勢只要時間一久都會有所改變，所以也可以反過來把它當成「不變的事物」。

除了準確掌握變化之外，還要思考實質上的「不變」與「共通」，這都是創造商品所必備的。

永續性的指標：真、善、美

不管時代如何變遷，天底下沒有一直改變的事物。基礎穩固、紮實，具有永續性，這是商品創造不變的追求，也正是商品長銷的祕訣。

不變事物的指標就是「真、善、美」的概念。這是德國哲學家伊曼努爾．康德(Immanuel Kant)所說的「人類生存最理想的狀態」。同時也是商品創造的基礎，更是我個人一直堅持的核心。另外，在強調企業信條(價值觀、行動準則)、理念或宗旨的現今，「真、善、美」應該是各領域業界所必備的概念。

〈真〉沒有欺騙、虛偽、誇大。正確傳達、正確執行。敬意與誠意。
就我個人而言，就是追求品質，不受成本束縛。重視獨創性，以一百分滿分以上為目標，絕不妥協。終極目標就是消費者的笑容。

〈善〉珍惜真誠。做善事，做合乎道德、倫理的正確事物。
就我個人而言，就是有利於社會，實現讓世界更美好的任務，以及五方受惠。

〈美〉除了外表美麗之外，還有表現「價值」與「協調」的感性部分。就我個人而言，就是重視美的意識與美學（哲學、方針）、擴大美麗的範圍。避免常見的「戰略」、「勝利」、「搶奪」等戰爭隱喻。

在開發的過程中，有許多要求決策和選擇的局面。在那個時候，就以「真、善、美」為指標，對照自己的價值觀，反問自己「這樣是否正確」。

對「KIRIN FREE」投入的愛

另一個商品創造的重要價值觀是「愛」。

大家或許認為「愛」是善變而且容易變淡的。可是，這裡的「愛」指的是珍惜家人、朋友、鄰居、客戶的心情，是更為寬廣的大愛，和戀愛的「愛」有一點不同。

「尊重並珍惜他人的那份心情」是亙古不變的，這也是人生的目的之一。若

「真、善、美」和「愛」的商品創造

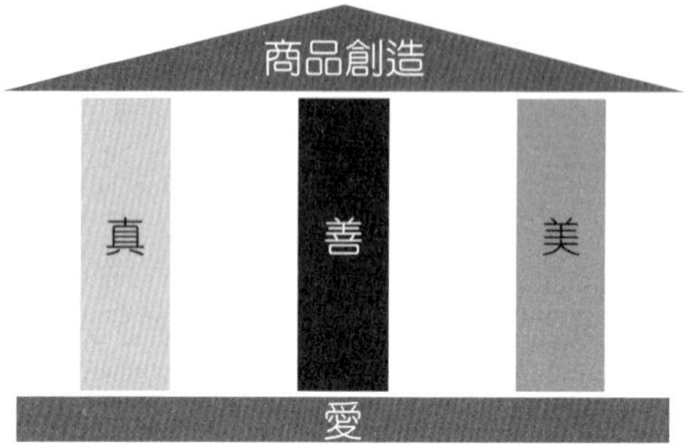

要創造出堅實的商品，就要秉持著那份心情和個人的使命。

促使我開發「KIRIN FREE」的最大原動力，不只是為了解決酒駕問題，主要是希望「不要再有任何人因為酒駕而陷入悲痛」，是基於這樣強烈的願望。

另外，「KIRIN FREE」的開發也是為了那些正值懷孕、哺乳期間的女性，或是體質本身就不勝酒力或有疾病問題等，因為某些理由而無法享受暢飲的人。他們應該也非常希望「跟能夠喝酒的平常人一樣，享受痛快暢飲的歡樂人生」，而實現他們的願望也是一種愛的表現。

基本上，商品本身的涵義或存在意義，會因為是否具有「體貼」或「助人」的心情而有所不同。正因為具有強烈且深厚的情感，對消

費者才會具有更強大的說服力。就和「真、善、美」一樣，對於商品創造來說，共通性的「愛」也是非常重要的。

大家心目中的「真、善、美」是什麼呢？「愛」又是什麼呢？

12 徹底變成「X人物」

貼近消費者的真實樣貌

在做市場行銷時，會把商品或服務的典型虛擬用戶稱為「人物」。針對人物做出姓名、年齡、居住地、經歷、職業、興趣、專長、家庭成員、成長經歷、休假方式等詳細設定，宛如那個人物真實存在似的。

甚至，因為我的工作是創造尚未存在的商品，所以我會徹底描繪想像／妄想中的世界，再設定成進化版的「X人物」（我自創的詞）。

我會讓這個人物在我的虛擬世界裡活動、談話、交友、體驗某些事物，虛構出一則有始有終的小篇幅故事。勝負的關鍵在於故事距離真實有多遠。

那樣的人物盡可能設定越詳盡越好。當商品出現在眼前時，那個人物是否感到開心？又會如何使用商品？我還會進一步觀察，商品是否可能產生預料不到的其他潛力？

「X 人物」的描繪方法

基本資訊	□ 姓名 □ 年齡 □ 性別 □ 婚姻狀況 □ 居住地 □ 居住類型
經歷與職業	□ 最高學歷 □ 職務經歷 □ 業種 □ 職種 □ 職稱 □ 強項 □ 弱點
人際關係	□ 朋友、戀人（什麼樣的人） □ 配偶、小孩 □ 家族成員 □ 社群
生活模式	□ 典型的平日與假日的時間分配 □ 加班 □ 晚上的排遣方式 □ 假日的排遣方式
金錢方面的特色	□ 年收入 □ 儲蓄 □ 金錢觀 □ 使用金錢的方法、方針 □ 最近購買的物品、想要的物品
性格與價值觀	□ 血型 □ 性格類型 □ 重視的事情 □ 煩惱 □ 優點、缺點
興趣與關心的事物	□ 興趣 □ 未來的夢想 □ 喜歡的書、電影、音樂、品牌等
電子通訊產品	□ 通訊方式 □ SNS □ 與媒體之間的接觸狀況（電視、雜誌、報紙、網路） □ 所有電子通訊產品

X人物會徹底成為想像中的人物。

在哪個城鎮的什麼房子裡面，和怎樣的人們一起生活？過著怎樣的日子？穿怎樣的衣服？留怎樣的髮型？吃怎樣的東西？喝怎樣的飲品？冰箱裡面放著怎樣的食物？聽怎樣的音樂？懷抱怎樣的憧憬？看怎樣的電視節目或雜誌？喜歡怎樣的電影？有怎樣的興趣？做什麼運動？週末怎麼度過……。

就像這樣，我會把X人物當成一個活生生的人類，仔細描繪他的生活，任何細節都不放過。有如小說或戲劇的人物描寫（設定）那樣。

徹底變成某男高中生的方法

要完全成為X人物並不容易。那不是隨便思考一、兩個小時就能達到的境界。以下先稍微試試看吧！

假設把X人物設定成「住在札幌市的男高中生」，這時要怎麼設定才好呢？最好的作法就是親自前往當地。「三現主義」（現場、現物、現實）[11]的效力絕對是最強大的。去看看當地高中生可能會光顧的速食店、乘坐他們上下學會搭乘的地下鐵、到鬧區或是高中生可能去的商店周邊走走。去看、去聽、去吃相同的食物，感受所有能透過五感體驗的事物。

不過，直接前往當地確實相當困難，所以透過網路或書籍等媒體蒐集材料，應該會比較實際一點。

這樣一來，就可以挖掘出更多未知的事物。在蒐集材料的過程當中，或許會出現令你感興趣的東西，讓你徹底沉浸在那個世界裡。就增加輸入吸收的廣度與深度來說，這是個非常有效的方法，所以請持續堅持下去。

當材料蒐集齊全，人物的必要項目都幾乎填滿之後，就把那個人物放到腦中試著想像吧！終於正式上場了。接下來就是正式搭建人物的舞臺了。

請把自己當成那個人物，試著想像從早到晚的一日行為模式，以及各種情緒轉變。如此一來，那個人物就會更加具體、栩栩如生。

你也可以豐富你的想像力，試著讓朋友、約會對象、家人、鄰居、商店的店

11 編註：落實三現主義最有名的企業是豐田（TOYOTA）。該主義是指發生問題時先不臆測，而要快速抵達「現場」、親眼確認「現物」、認真探究「現實」，並據此提出務實的解決辦法並加以落實。

員等配角站上人物的舞臺。

「好想買 New Balance 的新款鞋，可是又想等下個月的 PARCO[12] 促銷。」陸續加上這樣的對話，就會觸動對話背後的想法或情緒。震驚、感慨、悲傷、喜悅。若能察覺負面情緒、不夠完美的小地方，就更好了。

人生並不只有「現在這個瞬間」。人生有時就像一本小說、一部回憶錄，又或是一個夢幻世界。不要受限於時間，也不要限制場所，更仔細地想像人的「行為」和「心靈」吧！

另外，必須堅持使用專有名詞地名、車站名、商店名、廠商名、物品名等，盡可能蒐集具體的名稱，做好徹底變身的準備吧！

就好比前面那個男高中生的例子，男高中生就應該有個符合當下年代的名字，而不該隨便丟個「山田太郎」的通俗名字給他。喜歡的品牌也一樣，應該是最受男高中生歡迎、可能想要擁有的商品。如果有喜歡的 IG 網紅、YouTuber 的話，那個對象會是誰？受歡迎的是怎樣的貼文內容？受歡迎的原因是什麼？這些都必

12　編註：PARCO 是日本的連鎖百貨公司。

須預先做好設定才行。

當你看到各種商品的廣告時，有什麼感覺？當這個廣告出現在你常去的商店時，有什麼感覺？那些感受都有利於商品創造，最好逐一觀察。

因此，創建X人物時要預先設定好「他」和媒體的互動、是否使用SNS[13]、使用SNS的頻率、經常光顧的店鋪等詳細的設定。

另外，如果是開發啤酒或酒精飲料，就必須進一步設定特有的項目。

例如，享受美酒的TPO[14]（時段、和誰、在哪裡、在什麼樣的情況下）、對酒精類別的看法、在品牌選擇上的評估重點、喜歡的品牌和理由、經常選擇的餐廳類型、過去的飲酒資歷、對酒的滿足點和不滿意點等項目。

如果沒有預先設定好這些項目，事後就無法進行檢討、確認。就如大家所見，

13　編註：即social（社群）、networking（網路）、service（服務）三個單字的縮寫，例如Instagram、LINE、Twitter等。

14　編註：即time（時間）、place（地點）、occasion（場合）三個單字的縮寫。

其實必須事先完成的設定項目比想像中來得多。

雖然「徹底變成某個人物」並不是件容易的事，不過，可以得到的收穫卻也相當地豐碩，所以還是十分推薦盡可能創建出更多的X人物。只要從各種不同的人物立場去檢視靈感或商品提案，就能從各種不同的角度，挖掘出商品的改良重點與提升魅力的方向。

模擬人物是一件十分有趣的工作。目前為止，我曾經為一個商品建構出多達十五個模擬人物。因為我非常喜歡這個工作，所以完全不覺得辛苦。可是，因為有時間上的限制，所以有時還是感覺挺艱難的。

塑造生動的人物形象

X人物設定好之後，就要開始模擬並驗證，確認實際活著的人物（X人物）對那個靈感或商品會有怎樣的反應，是否會照著當初的企劃書發展。

這時最需要確認的是，那個人物是否真的成為一個有感覺、能說話、會採取行動的「會動的肖像」，不再只是靜止的畫像。如果模擬的人物無法成為那樣的存在，就不會做出自然的反應，你就無法進行驗證。

如果期望人物有所行動，但人物卻什麼反應都沒有的話，就再次回到最初的設定階段吧！有可能是當初高估了自己，自以為能輕易地變成那個人物。

當X人物的生活能夠被描繪得栩栩如生時，你就能藉由那個人物打造出正中紅心的商品。

那既不是預言，也不是猜測。嚴格來說，就像是「一種透視的眼光」那樣。「我可以一眼看穿這個人能夠接受的商品」，試著抓住這樣的感覺吧！只要讓人物肖像如動畫般地活動，就能聽見那個人的聲音、看見那個人的喜悅表情、浮現出那個人的下一步行動。就能夠描繪出未來的故事。

任意變成「X人物」的訓練

話雖如此，若突然提出「變身成二十歲的菜鳥護士」或「變身成來日本的留學生」的要求，大家也未必能馬上變身成指定人物。就算試圖蒐集材料，也未必能立刻找到線索。為了讓自己至少有些頭緒，開始在日常生活中累積化身成不同人物、多重人格的訓練吧！

這種訓練和足球等運動不同，不需要天賦或能力，也不需要教練或夥伴。如果真要選一種運動來比喻，那就像是正統的肌肉訓練，因為一個人也可以做。

- 在電車上觀察眾生。
- 和各種不同的人談話、傾聽和提問。觀察說話的方式和表情，推測心理和情感。
- 在商場、餐廳或等候室等處豎起耳朵聆聽。
- 旁人正在閱讀什麼？正在看什麼？偷瞄一下書的內容或手機畫面。

在這之中，觀察電車上的眾生相是最有成效的。從那個人的穿著打扮、隨身物品、購物袋、智慧型手機上查看的內容、閱讀的書籍、表情（開朗度）、遣詞用字等，就可以得到相當大量的資訊。

他好像正在準備資格考。他帶便當上班，應該是家裡自己開伙吧！他應該是注重健康的「養生派」。公事包上面的鑰匙圈是什麼卡通人物？透過各種不同的資訊，就能讓想像不斷擴大。

人際方面則建議盡可能深入探究問題。在不會太過緊迫盯人的情況下，只要反覆提出「為什麼？」試著稍微逼近深層心理，有時就會得到意想不到的結果，感覺還挺有趣的。

「只要提出這個問題，就能自然進入深度的訪談。」預先備妥幾個標準問題吧！

基本上，每個人的提問各不相同，我的是「為什麼？」「該怎麼做？」「這個，哪裡好玩？」如果我在公司的休息區和喝咖啡的A先生聊天五分鐘，結果會是如何呢？

「喔~原來A先生住在中野。」
「為什麼會住在中野呢？」
「你是怎麼從中野來這裡的？」
「早上為什麼選在那個時間出門呢？」
「為什麼會選擇第一節車廂呢？」
「那個真的那麼有趣嗎？」

光是這種程度的問題，或許就能挖掘出更多的細節。透過提問可以得知，A先生一大早就出門，在公司附近的麥當勞一邊吃早餐，一邊研讀資格考的資料約四十分鐘。他喜歡在第一節車廂觀看司機駕駛列車的英姿，也很喜歡拍攝列車照片，假日則喜歡到處溜達……，說不定就可以知道這麼多。

若要完全成為X人物，就必須擁有豐富的想像力，也要有作為材料的大量知識。為了儲備更大量的知識，必須在日常生活中，（在不侵犯他人的程度下）對他人的生活抱持著興趣。然後，藉此提高想像的精準度。

此外，也可以試著觀賞卓別林（Charlie Chaplin）之類的默劇電影，任意填上對白。如此就能磨練出爆發力，瞬間變成某人。

或者，你也可以把角色靈活運用於自己所在的各個社群。就算沒有達到近乎多重人格般的極端程度也沒關係，只要比平常「溫柔可靠」、「正向積極」、「八卦多嘴」或「沉默寡言」就很足夠了。然後再試著觀察並實際感受看看，當自己和平常不太一樣時，周邊會有什麼變化？這也是變身成不同人物的一種訓練方法。

如果是透過網路就更加簡單了。你可以當個接近真實自我的人物，也可以善加運用個性極端的角色設定或虛擬人物，試著化身成與平常截然不同的自己。

13 想像力爆發的極端發想術

極端思考訓練

試著給想像力一對「翅膀」吧！

擁有翅膀的想像力有著無法估量的驚人潛力，會自己奔跑、跳躍、在天空自由翱翔，有時更能產生一發不可收拾的暴走力量。

接下來就來分享我經常實踐、有點偏門的「極端發想術」。

就跟肌肉訓練或伸展運動一樣，關鍵就是養成習慣、不斷累積。做得越多，力量就會越強大，腦袋變得更靈活，自然能提高想像力。

What if法

提出現實生活中不可能存在的問題，想像那個結果，藉此訓練想像力。

「如果A（公司、品牌、人物）做了B（商品、服務等），會變成怎麼樣？（變成什麼東西？）」

只要針對這個「問題」腦力激盪，就可能會有一些出乎意料的靈感。題目越出乎意料，就越是有趣。但如果構思不出有趣的問題，請試試看便利貼。

〈步驟一〉把符合「A」的公司、品牌或人物列成清單，並寫在便利貼上面。

公司或品牌的選擇應該交錯混雜，不管是剛開始有知名度、產品獨特且蓄勢待發的製造商，或是品質穩定的老字號都可以。人物就選感覺很厲害的人（我最常挑選的是史蒂夫．賈伯斯 [Steve Jobs]）。人物挑選約三十～五十個左右。

〈步驟二〉把符合「B」的商品、服務等列成清單，寫在不同顏色的便利貼上面。

這部分就以個人業務會經手的商品和周邊相關的類別、服務為主，列舉出感興趣的東西、受歡迎的話題、人氣稍微下滑的事物等。跟A相比，因為商品、服務是提供給消費者，是我們比較常接觸的領域，要列舉清單應該比較容易。這部分的數量也是約三十～五十個左右。

〈步驟三〉從A（的便利貼）和B（的便利貼）中各選一張，組合成一個問題。

- 如果「特斯拉」（Tesla）[15]製造「啤酒」會變成什麼樣？
- 如果「SONY」製造「運動鞋」，會是什麼樣的款式？

就像這樣，只要把便利貼加以組合，就能無限地訓練，讓自己激發出更多異業投入的企劃案和對策。當然，你也可以改用電腦來製作。

最終目標是取得自己能接受的結論。你可以同時處理多筆，也可以逐一追求每個問題的深度。不管是通勤途中或用餐時，隨時都能在大腦內隨意組合。

也可以好幾個人一起，相互分享彼此的靈感。

What if法只是單純的肌肉訓練，沒有任何規則，也沒有任何輸贏優劣之分。

15 編註：美國最大的電動汽車與太陽能板公司。

這種強行創造出的「意外」、「全新」組合，也可能成為實際的創新靈感。

「超越」、「極端」、「逆轉」發想法

這是激發出終極創意的訓練。簡單來說，就是採取非現實的極端設定，跳脫既有思維，找出創意靈感。

例如，假設消費者一個月只能買一次酒。如果你希望增加銷售機會，通常會想到的是「該怎麼做才能讓消費者一個月買兩、三次酒？」

可是，「超越」、「極端」、「逆轉」發想法則會這樣想。

「該怎麼做才能讓消費者一個月購買一千次？」

甚至，還會試著逆向思考。

「該怎麼做才能讓消費者一次購足十年份？」

讓大變小，讓少變多。如果是世界最小，就讓它縮小到百分之一的程度。讓一〇〇%變成一〇〇〇%。就是把主僕、因果、表裡、上下、敵我等兩種極端的

事物顛倒、對調。

把現實中幾乎不可能發生的極端設定加工成「超越」、「極端」、「逆轉」，然後試著思考、獲取靈感。

「如果要讓消費者一個月購買一千次，消費者就必須一個月喝掉一千瓶酒。這根本不可能。既然如此，就必須把喝不完的量保存起來。那就想想看有沒有讓保存變得更容易的包裝或服務吧！對了，在公寓的地下室設置住戶專用的大型冰箱吧！或者，也可以建構一個定期派送的機制」。

就像這樣，只要試著把思考的對象加工成極端程度，就能改變最基本的思考基礎。當上司要求「讓現在的銷售額達到一萬倍」時，大部分的人應該都不會產生「增加廣告預算」的念頭。因為大家都非常清楚，除非能做出某些驚人之舉，才有可能讓銷售額達到一萬倍，所以自然會改變思考的標準。

或許有些人會認為，如果徹底改變思考的基礎，很可能會偏離原本的問題，但大可不用擔心。

就像前面範例出現的關鍵字「全新服務」那樣，最終肯定能出現與原始問題相關聯的解決對策。「自從有了訂購宅配的服務，消費者變成一星期買一次酒」，只要最後能夠達到這樣的結果，萬事足矣。

就像這樣，只要改變思考的基礎，就能看見問題的癥結、瓶頸，或是必須突破的點。當一般作法無法讓你找到答案，或是希望激發出旋風級靈感的時候，請務必試試這個方法。

第3章 靠企劃書擦亮你的商品

企劃書不是為了提案商品
而是為了把商品磨得更亮、更吸睛
越寫就越能讓商品更吸睛的五種技巧

14 先寫份企劃書給自己

企劃書分四個階段

因為是商品創造的企劃書，於是就把自己想創造的商品或靈感直接記錄下來，那樣的文件只是單純的想法分享，並不是企劃書。

那麼，製作企劃書的目的是什麼呢？

答案是讓閱讀者採取行動。傳達我方的意圖，邀請對方一起採取行動，或是請對方提出自己想不到的意見或觀點。

如果希望把企劃當成討論的基礎，就要透過某些內容激發閱讀者共同參與的意願，讓他們說出「這個方法怎麼樣？」之類更有趣的想法。

如果是為了贏得老闆認可，就要收錄更多能讓老闆馬上做出決策並確信「這個值得一試！」的材料。

企劃書四階段

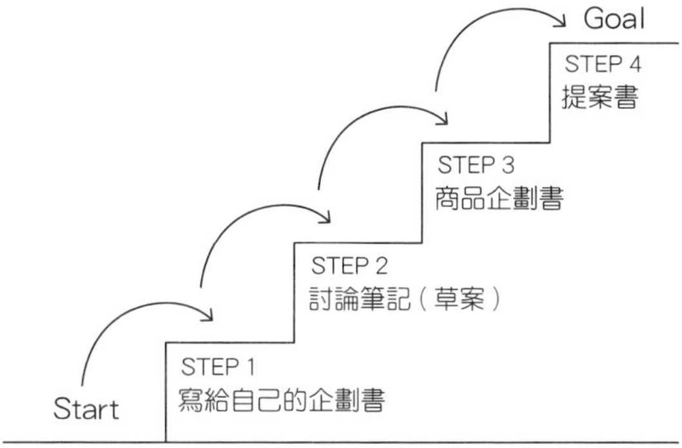

「給誰看？」
「希望對方採取何種行動？」

整理好對象和目的之後，企劃書的製作可以分成以下四個階段。

STEP 1　寫給自己的企劃書

預先以文字、圖畫或概念圖的形式，把腦海中的想法記下來，並彙整、延伸成自己專用的企劃書。

STEP 2　討論筆記（草案）

為了激盪出更好的創意，在與團隊成員一起討論時，或向親近之人聽取意見時所展現的企劃書。

STEP 2　討論筆記（草案）

STEP 4　提案書

商品名	『KIRIN CRAFT FREE』 — IPA TASTE —　Alc. 0.0%	
概念	味道豐富的成人精釀啤酒風味飲料	◆包裝設計案 
目標	啤酒、洋酒、日本酒、高球等偏愛酒類的酒精偏好者（20 ～ 50 歲男女）	
商品特徵	・讓人聯想到 IPA，奢華且劇烈的啤酒花香氣與濃郁感。帶有豐富苦味和甜味的鮮明口感 ・讓人聯想到精釀啤酒的首創無酒精風味飲料 ・可以直接品嚐，也可當成餐中酒，和豐盛餐桌上的肉類料理或濃醇料理等一起享用的萬能酒精飲品 ・透過麒麟的啤酒花技術（獲得專利）和「SPRING VALLEY」的消費者互動實現終極啤酒花體驗	
市場行銷方針	・透過電視、報紙、雜誌、交通、SNS、網路媒體及 PR 與宣傳的大眾傳播，盡早獲得 50%的品牌認知（電視廣告年間 10,000GRP、代言藝人：○○○○、○○○）	◆電視廣告藝人  ○○○○　○○○
通路	家庭用市場、飲料市場　全國	
發售日	20XX 年 3 月 20 日全國統一發售	
容器與價格	350ml 罐 ●●●日圓、330ml 小瓶●●●日圓、大桶	

企劃書的發展範例（以下是虛構的企劃書）

STEP 1 寫給自己的企劃書

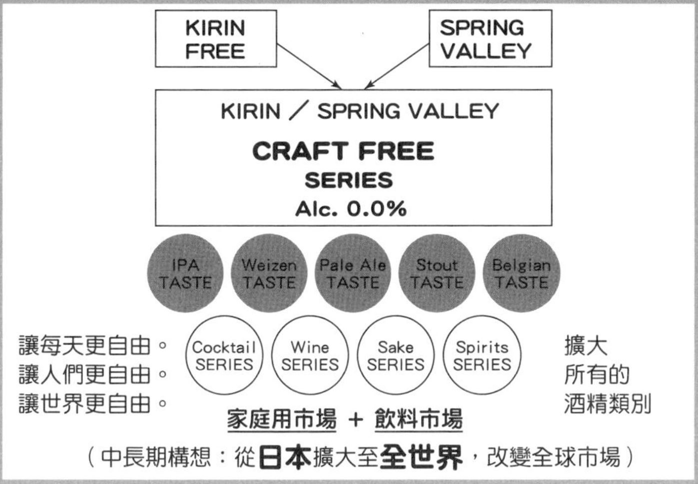

STEP 3 商品企劃書

商品名	『KIRIN CRAFT FREE — IPA TASTE —』
商品概念	完全無酒精，味道豐富的成人精釀啤酒風味飲料
目標	主目標：喜歡精釀啤酒或 Rich 類啤酒的 30 歲世代 次目標：喜好廣泛，除了啤酒，同時也喜愛紅酒或日本酒 意識較高的酒精偏好者（20 ～ 50 歲男女）
商品特徵、規格、類別	‧讓人聯想到 IPA（印度淡色艾爾啤酒），奢華且劇烈的啤酒花香氣與濃郁感。帶有豐富苦味和甜味的鮮明口感，讓人聯想到精釀啤酒的首創無酒精風味飲料 ‧可以直接品嚐，也可當成餐中酒，和豐盛餐桌上的肉類料理或濃醇料理等一起享用，可說是十分萬能 ‧透過麒麟的啤酒花技術（獲得專利）和「SPRING VALLEY」習得的知識所實現的終極啤酒花體驗
市場行銷基本方針	‧透過電視、報紙、雜誌、交通、SNS、網路媒體及 PR 與宣傳的大眾傳播，盡早獲得 50%的品牌認知（代言藝人：○○○○、○○○） ‧透過飲料通路的滲透促銷及活動，促進品牌體驗
銷售通路、區域	家庭用市場、飲料市場 全國
銷售目標	10 萬（20XX 年度） ※中長期以一年 50 萬規模的銷售水準為目標
銷售與發售日	20XX 年 3 月 20 日全國統一發售（預定 1 月上旬發表商品）
製造工廠、容器	橫濱工廠 350ml 罐、330ml 小瓶、15L 桶（飲料店用）

STEP 3　商品企劃書

傳達給主管或相同部門、其他部門、公司外部的專家用的企劃書。說明商品概念、規格或特徵、市場行銷戰略等內容時使用。各要素幾乎已經完成，而且建構簡潔。

STEP 4　提案書

已取得經營團隊的正式認可，向公司內部或客戶端進行簡報時使用的提案資料。收錄對方進行決策時所需要的資訊、具體的試作、試算、課題等內容。

就像這樣，企劃書的目的會隨著商品開發的推進而改變。

基本上，企劃書的製作時間會因業種或組織的不同而有所差異。就我個人的情況來說，商品創造過程中所製作的企劃書，就屬STEP 1「寫給自己的企劃書」最花時間，這也是商品創造的第一步。

接下來就針對「寫給自己的企劃書」進行說明。

就算版本不同，也要完整保存，或許會有敗部復活的耀眼靈感

寫給自己的企劃筆記，就是用來整理思緒的筆記。輸出腦袋裡的靈感，客觀地檢視，做到能一眼看出整體和各個要素的關係就可以了。

寫的時候，不需要受限於格式或規則，字跡潦草也沒關係，盡可能隨心所欲地寫。

不過，還是有兩個基本規則。

①一定要加上日期，②不要覆蓋舊資料。

理由在於，除了最新版的企劃筆記之外，若連想法的前後變化都能保留下來的話，之後就可以更有效地利用舊筆記。

若要製作一目了然的企劃筆記，往往要歷經一番曲折，不斷地試錯。有時當你在刪除字句、捨棄想法，或重新檢視其他構思或文脈時，會突然開始冒出一堆想法。

其實我自己也常在多年後回顧企劃筆記。有時也會從舊企劃中挖掘出新的靈感或增添更多想像，並將其統整成最新版。

用數位工具製作企劃筆記時，不要刪除舊想法，也不要直接覆蓋儲存，建議以修改日期或版本重新命名、另存新檔，或是在檔案中增加追蹤修訂紀錄。

記住，目的是為了傳達

即使只是寫給自己的企劃筆記，但只要假設可能會交給某人審閱，就能提高製作的動力。

在感覺「大功告成」的時機點，拿給值得信賴的人看，聽聽他們的意見。這部分之後會再詳細說明。

讓其他人審閱企劃的好處是無庸置疑的，因為可以獲得各種不同的觀點。每個人的感想都不同。包括關心的部分、質疑的點、評估角度、標準都完全不一樣。

「怎麼做才能把想法傳達給所有人呢？」

「會不會有哪個地方做得不夠？」

「企劃欠缺魅力嗎？切入點或呈現方式不好嗎？」

只要請別人審閱，就能進一步釐清「企劃筆記所要傳達與沒有傳達的部分」。就算沒有得到熱烈的反應，也不用太沮喪。因為這一連串作業的主要目的，就是為了了解「該怎麼精準傳達自己企圖製作的商品特徵或魅力，以及眼前的市場或未來」。請別人幫忙審閱企劃筆記，是為了獲得靈感。不管最後的結果是褒是貶，都應該滿懷感激，把它當成重要的「靈感」或「鼓勵」。

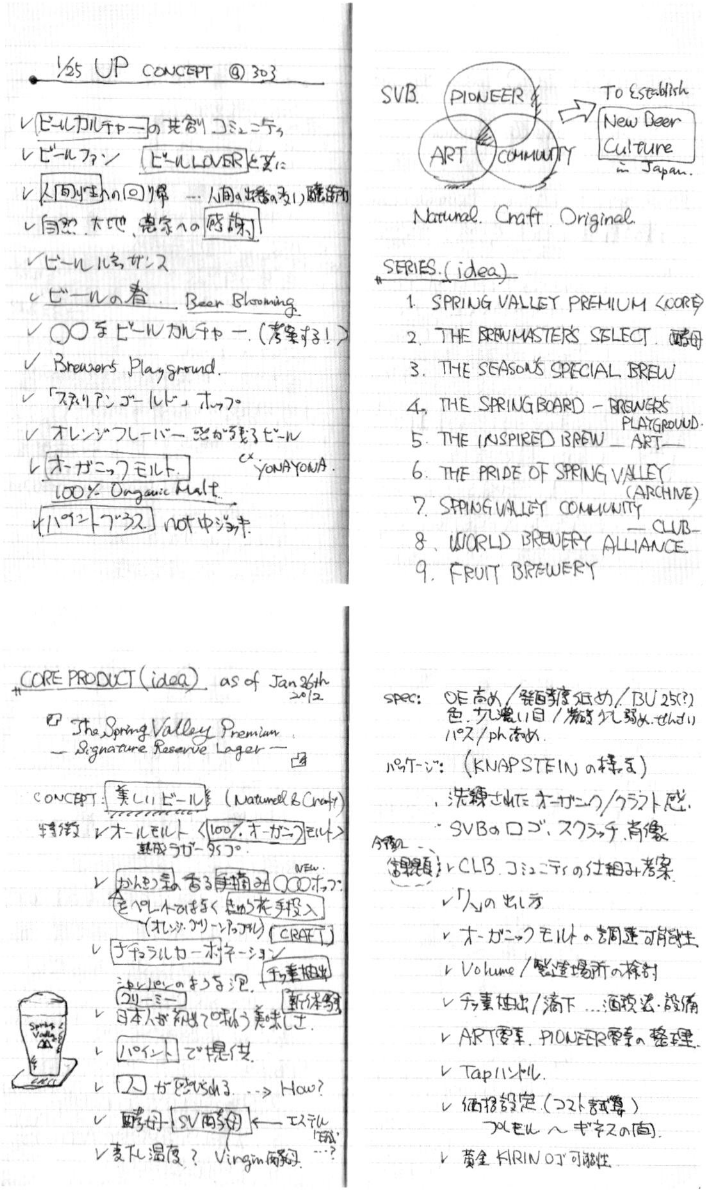
1/25 UP CONCEPT @ 303
Brewer's Playground.
100% Organic Malt
SVB.
PIONEER
ART
COMMUNITY
To Establish
New Beer Culture in Japan.
Natural. Craft. Original.
SERIES. (idea)
1. SPRING VALLEY PREMIUM <CORE>
2. THE BREWMASTER'S SELECT
3. THE SEASON'S SPECIAL BREW
4. THE SPRINGBOARD — BREWER'S PLAYGROUND.
5. THE INSPIRED BREW — ART —
6. THE PRIDE OF SPRING VALLEY (ARCHIVE)
7. SPRING VALLEY COMMUNITY — CLUB —
8. WORLD BREWERY ALLIANCE.
9. FRUIT BREWERY
CORE PRODUCT (idea) as of Jan 26th 2012
The Spring Valley Premium
— Signature Reserve Lager —
CONCEPT: 美しいビール (Natural & Craft)
CRAFT
spec:
パッケージ: (KNAPSTEIN の様な)
Volume
ART要素. PIONEER要素の整理.
Tap ハンドル.

寫給自己的企劃書（中文翻譯請見下一頁）

1/25 UP CONCEPT @303

- ✓啤酒文化的共創社群
- ✓啤酒粉絲 和啤酒 LOVER 一起
- ✓人性的回歸…人較常出入的釀造所
- ✓對自然、大地、農家的感謝
- ✓啤酒復興
- ✓啤酒的春天 Beer Blooming
- ✓○○的啤酒文化 〈考慮！〉
- ✓Brewer's Playground
- ✓「Styrian Gold」啤酒花
- ✓橘子風味殘留的啤酒 ex.YONAYONA
- ✓有機麥芽 100% Organic Malt
- ✓品脫玻璃 not 中號

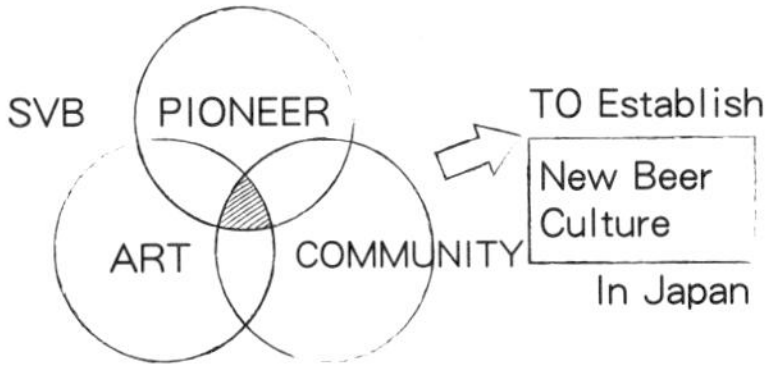

Natural Craft Original

SERIES(idea)

1. SPRING VALLEY PREMIUM〈CORE〉
2. THE BREWMASTER'S SELECT 酵母
3. THE SEASON'S SPECIAL BREW
4. THE SPRING BOARD — BREWER'S PLAYGROUND
5. THE INSPIRED BREW — ART —
6. THE PRIDE OF SPRING VALLEY (ARCHIVE)
7. SPRING VALLEY COMMUNITY —CLUB—
8. WORLD BREWERY ALLIANCE
9. FRUIT BREWERY

CORE PRODUCT (idea) as of Jan 26th 2012

「The Spring Valley Premium
～ Signature Reserve Lager ～」

CONCEPT: 美麗的啤酒 (Natural & Craft)

特徵
- ✓全麥芽〈100%有機麥芽〉
  熟成窖藏類型
- ✓柑橘葉的香氣 手摘○○○啤酒花 NEW
  非顆粒 投入毬花
  （柳橙、青蘋果）CRAFT
- ✓天然碳化 氮氣抽出
  香檳般的氣泡 新體驗
  綿密口感

- ✓日本人初嚐的美味
- ✓以品脫提供
- ✓深刻感受到人文 → How?
- ✓酵母 SV 酵母 ←酯
- ✓糖化溫度？ Virgin 酵母

spec：OE 偏高／發酵度偏低／ BU25(?)
顏色略深／碳酸偏弱、纖細
PASS ／ ph 偏高

包裝：(KNAPSTEIN 的樣品)
- 細膩的有機、工藝感
- SVB 的 LOGO、刻痕、肖像

今後的課題
- ✓思考 CLB 社群的機制
- ✓「人」的邂逅方法
- ✓採購有機麥芽的可能性
- ✓Volume ／製造場所的檢討
- ✓氮氣抽出／滴下…酒釀設備
- ✓ART 要素、PIONEER 要素的彙整
- ✓Tap 把手
- ✓價格設定（成本試算）
  PREMIUM ～ GUINNESS 之間
- ✓黃金 KIRIN LOGO 的可能性

15 開始下筆的五個祕密對策

感到衝動，便是機會

正所謂萬事起頭難，工作也好、讀書也罷，第一步往往是最大的難關。明明過去已經吃過很多次苦頭，腦袋的思緒也非常清楚，偏偏就是很難跨出第一步。可是，如果沒有跨出第一步，就沒辦法有所進展。對我來說，打開「寫企劃書開關」的方法，大致有以下五種。

首先是感覺自己內心能量十分高漲時。

就像吃完飯必須排泄，人的想法也一樣，如果持續輸入吸收，自然會有想要輸出的時候。

前面已經提過輸入吸收的重要性，如果蓄積的潛在能量達到高峰，應該就能在某個契機之下引爆「寫企劃書的衝動」。在按耐不住這個衝動之下，各式各樣的靈感就會如浪潮般一波波襲來。這時如果沒有做筆記，這些想法就會悄悄流逝。

至少，要把關鍵字留下。

尤其是那個觸動的因素，往往帶有十分強烈的感情和悸動。

就如前面所說的，促使我開發「KIRIN FREE」的契機是令人深惡痛絕的酒駕死亡車禍。然而，促使我真正開始動筆寫下企劃的原因，是之後的另一個事件——電影《零(ZERO)吹起的風》(0（ゼロ）からの風，二〇〇七年上映，塩屋俊導演)。

這部電影描寫一位母親因為酒駕意外而失去獨生子，在陷入絕望與痛苦的同時，積極推動危險駕駛致死罪的立法。那位母親是真實存在的人物。

因酒駕而失去的生命。失去親人的悲傷與永無止盡的痛苦。肇事者也同樣深陷痛苦。在看到這一切之後的某一天，我衝動地開始寫起企劃書。

並不是只有悲傷或不滿才會成為衝動的契機。感到高興、幸福時，找到人生的珍貴事物時，看到人們為社會竭盡全力並堅持信念時，都會觸動內心。不管如何，當你感到內心震撼的瞬間，就是絕佳的機會。

利用主管設定截止日期

這是任何人都可以使用的方法，就是自己主動設定截止日期，不把暑假作業拖到最後一天才寫，刻意營造出不得不寫的情境，強逼自己自律。

如果遇到某個人，希望跟他一起討論企劃，通常我會做出這樣的約定：

「下次方便聽聽您的意見嗎？但我想您應該很忙，大約兩週後左右，方便留點時間給我嗎？」

雖然企劃書還沒到可以見人的程度，但如果不強迫自己採取行動，「希望趁那段時間完成……」，那麼這份企劃書很可能就會直接消失。反正不管願不願意，為了大量輸出自己的想法，就是要創造一個「不得不輸出的情境」。

只要先和主管或地位更高的人做好約定，就沒辦法後悔了。因為不能說：「抱歉，這件事當我沒提過！」所以必須馬上採取行動，不隨便拖延。

從「先花十分鐘」開始

偏偏只在必須寫些什麼時，腦中一片空白。就是沒靈感。就是寫不出來。這個時候就給自己一個「先花十分鐘」的命令吧！

「先上網查些資料再做吧！」
「先查詢資料再處理吧！」

上面這種事前準備最好往後推遲。這時更應該封鎖捷徑、阻斷逃生路線。無論如何，只要十分鐘就夠了，先試著動手處理企劃書吧！

剛剛本來完全沒有心情寫，沒想到一開始下筆，就瞬間火力全開。有時甚至回過神才發現自己已經埋首寫了一、兩個小時。不要去想那些「好好加油」之類的事情，請強制停下手邊的雜事。無論如何，就是「先花十分鐘」吧！

不求精準度、完美度

一心想著要寫得更完美、更出色，結果反而更寫不出來。完成度的提升，應該要留到最後的最後才處理。先求有再求好，先試著產出，不要一開始就要求完美。

商品創造有時也需要「開發詞語」。這是一趟找尋最具代表性詞語、持續試錯的旅程。基本上，第一球就打出全倒滿分，幾乎不可能。如果實在想不到適合的詞，就先暫時用其他詞代替，從概略的樣貌開始即可。

就算遣詞用字一直差強人意，感覺「好像哪裡不對」、「哪裡不一樣」，還是要想辦法忍耐。因為隨著一次次的深入研究，最終肯定能找出最適當的詞。

總之，就是先寫再說。

借助環境，進入創意模式

如果要增加編寫企劃書的時間，有時也必須考慮一下書寫的環境。

辦公桌的桌面要整理乾淨，不要放置多餘的物品。遮蔽手機畫面（或關掉通知）。電腦的桌面不要顯示多餘的軟體。也把電子郵件、聊天軟體關起來。如果是在家工作，要挑選一個不會讓自己分心或不安的場所，這樣才不會突然想到「糟糕，還有〇〇沒做」。這部分也非常重要。

如果出於某些原因而分心，就必須再花十分鐘才能恢復思緒。這種情況不斷重複，只會讓時間白白虛度。

另外，「靈感誕生於創意空間」的說法也是真的，有許多公司會刻意在辦公室內規劃時尚的設計或藝術空間。對公司來說，刺激員工的創造力是必須的，確信那樣做能為公司帶來成長。

不過，工作場所不是隨便就能改變。如果公司沒有規劃那樣的辦公室，那就自己去尋找能為自己激發創造力的熱點。時尚的休憩空間、視野良好的場所、公園、聯合辦公空間、咖啡廳等。

然後，選擇比較優質、注重設計和舒適度的筆記用具或數位工具。雖然微不足道，卻能帶來不錯的效果。試著暗示自己是個「具有創造力的人」吧！

16 寫企劃書的七種工具

我的愛用工具大公開

不管做什麼事，我習慣從形式開始做起。寫企劃書時也是，我會有個人偏愛的工具。

尤其在準備STEP 1「寫給自己的企劃書」的時候，我對主要工具會有更多的堅持。

在這個階段，為了創造出連自己都沒看過的「全新事物」，必須讓腦洞大開，全面啟動想像力。所以我會借助一些工具的力量。

首先，我會以手寫的方式啟動作業，等彙整得差不多時，再用 PowerPoint 或 Word 來統合。總之，基本的作法就是從手寫開始。

我個人非常喜歡數位裝置，四十年來，幾乎每一天都會碰電腦鍵盤，但唯獨寫企劃時，最看重的觸感是手寫。

這就是我的個人守則，毫無商量餘地。

工具一：鉛筆

採用筆芯較軟且粗的B或2B鉛筆。只要可以透過書寫的力道或角度，分辨出強調的文字或模糊的文字就可以了。我也很喜歡2mm左右的極粗自動鉛筆。這些類型的筆比較適合邊寫邊思考。

工具二：魔擦筆

百樂（PILOT）的「魔擦筆」（Frixion Ball Knock）可以讓你隨時添加、修改各種細微的想法。筆芯略粗且滑溜的0.7mm款式，非常適合拿來寫企劃書。墨水就選藍黑色，我個人很喜歡類似於鋼筆的那種鮮豔色調。書寫感非常好的筆。

順道一提，我平常喜歡把筆芯換成LAMY的「Safari Rollerball Skeleton」。因為筆芯長度不同，所以要自己想辦法填滿筆芯與筆殼間的空隙。如此也能提高創意氛圍（見第一六一頁「自製的筆」）。

工具三：彩色筆、色彩多樣的簽字筆或軟頭筆尖的彩色毛筆

用來寫配置在企劃書正中央的文字，或是表現重要概念的句子。希望營造出創意氛圍的時候也可以使用。我最愛用的是「ZEBRA Clickart」（藍黑色），和可以寫出書法感覺的粗細雙頭彩色毛筆「吳竹 ZIG Calligraphy II」。一下讓氣氛變得更時尚且充滿藝術氣息，一下嘗試寫出接地氣且充滿人情味的文字，讓企劃案充滿各種不同的氛圍、情感或表情、藝術性。

只要改變書寫用具，不光是寫出來的內容，就連想法都會隨之改變。有時候光是換支筆就能讓企劃變得更加耳目一新。

工具四：方格紙

對於用單張 A4 紙決勝負的企劃書，我都是使用 OKINA 的方格紙「Project Paper A4 5 mm 方格」。因為我經常會用框線把文字框起來，所以如果有淡色的方格，就會更容易書寫。另外，更容易對齊中央或拉開間隔調整空間，也是優點之一。當眼前出現方格時，企圖在那個空間表現整體形象或概念的慾望，就會越加

高漲。

工具五：粗格線紙

我會在報告用紙寫下滿滿的想法。格線略寬的粗格線紙很好用，但寫的時候我不太會在意格線，而會隨興潦草塗鴉。除了市售品之外，我也經常使用公司或廣告代理商等的內部用便條紙，我會照著主題和當下的心情去挑選。

工具六：MOLESKINE（筆記本）

我使用的筆記本是MOLESKINE的「經典硬殼筆記本（L型方格，黑色）」。雖然售價將近三千日元有點貴，但拿在手上、放在桌上時、翻開筆記的瞬間，感覺特別有氣勢，自然就會想要寫點什麼。所以我覺得它的性價比並不差。筆記上的滿滿字句，就像是「讓未來變得更加耀眼的寶礦」。筆記本的結構堅固，可以長期存放在書架上。

寫企劃書時，我會有點浪費地只使用右頁，因為之後可能會有希望追補的資料，想要進一步更新內容，這時就可能出現空間不夠的問題。另外，只要預留單邊的空白頁，之後也會更容易找到企劃，相當方便。

工具七：資料夾（個別資料夾）

整理企劃書時，我會使用 KOKUYO 的個別資料夾。資料夾由對折的厚紙板構成，用法就只是簡單地把文件夾在中間而已。

我準備的是「和田的 Paper」和「Good Paper」兩種。

「和田的 Paper」專門用來收納自己寫的企劃書。

「Good Paper」則是用來永久保存別人的想法或是好的企劃書。

通常我會依照專案、主題、項目或時間序列進行分類，但唯獨企劃筆記會有特別破例。我會索性把多筆專案放在一起，讓資料夾內部呈現「腦內雜燴湯」似的狀態。

「對了，或許可以參考那個企劃的想法，稍微看一下吧！」結果在準備拿出A企劃書時，突然瞄到G企劃書，被其中的某個想法吸引……，偶爾也會發生這樣的情況。

七種工具

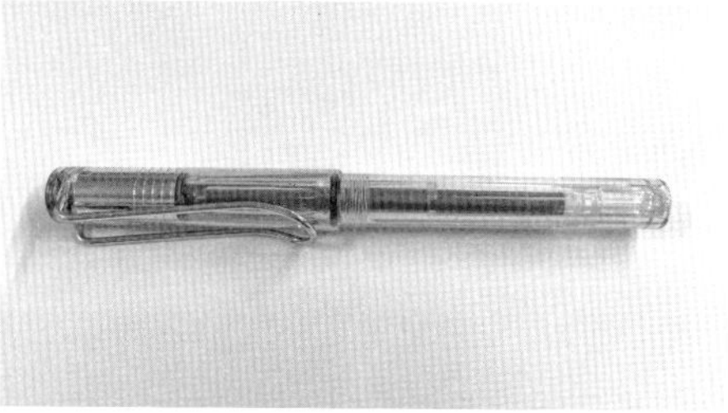

自製的筆

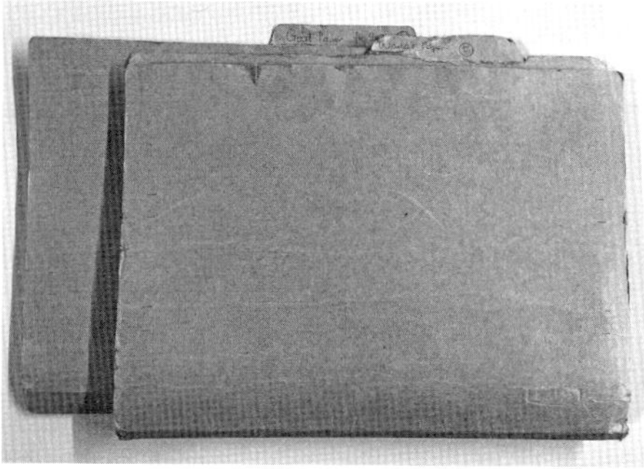

兩種資料夾

數位工具就選「簡單的」

當想法都彙整到差不多後，我會把企劃書製作成電子檔。基本上，和手寫一樣，PowerPoint或Word我也是使用「純白無背景的畫面」。然後，幾乎九成都是採用全新新檔（空白文件）。

字體採用黑色的「Meiryo UI」，字級大多使用二十四至六十左右。我會依照內容而改變這些設定。就像換支筆，想法就會改變一樣，如果要讓想法更加膨脹的話，試著改變字體、字級或顏色，也是一種方法。

除了這七種工具，數位筆記也是不可欠缺的。

在我處理企劃書相關工作時，最常用的數位筆記是Evernote。Evernote就像是祕書，可以用來記錄與累積想法、推動專案、管理待辦事項等。只要利用內建的功能把拍到的照片、擷取的網頁存成筆記，日後就能隨時瀏覽這些資訊。能把輸入的資訊來源彙整並保存起來，真的是非常方便的功能。

而且還可以和團隊成員或外部相關人士共享筆記。也有搜尋照片、PDF等圖像內文字的便利功能。

在搭乘電車或其他交通工具時，如果突然有什麼靈感，也可以使用 iPhone 的筆記應用程式，輕鬆輸入單字或簡單的文章。

資訊要盡量放在雲端，以便隨時能利用任何裝置閱覽、編輯。

Evernote 這樣的服務，我是在概略試過之後，才確定了現在的應用方式。由於各種軟體的特性、使用法都不同，所以請一邊試用，一邊尋找適合自己的應用方式。

17 先在白紙上寫一行

在白紙寫上全新的文字

終於準備正式寫企劃書時，請先讓絞盡腦汁的大腦刷新，連同過去的試錯都要一起徹底重置。

然後，轉換心情，享受下筆瞬間的興奮，從純白紙張的正中央開始寫起。

雖說其實並沒有什麼文字配置之類的書寫規則，但以結果來說，通常會有幾個傾向。

〈中央〉把核心字句寫在純白紙張的正中央。盡可能只寫一行就好。最多不要超過三行。

〈中央上方〉主打商品的總稱、口號、具有吸引力的文句或英文，或是整個企劃的主題。凡是對公司具有重大意義的文字，都寫在這個位置。

UP（Ultimatum Project）概念筆記

Dec 00th,2011
T. Wada

脫麒麟。新麒麟。超麒麟。未來的麒麟。麒麟的冒險
是麒麟，不是麒麟，全新啤酒廠的社會實裝

以市中心的啤酒廠威力為起點（大教堂）

201X 年，啤酒終於進化成「社群」！

CRAFT BEER
RENAISSANCE！
—精釀啤酒復興宣言—

提供
異次元 Another Dimensional
創造性 Creative
實驗性 Experimental
先進性 Cutting Edge
的啤酒體驗，通往
創新的啤酒冒險社群

全新啤酒冒險風潮（運動）的主導權

SLOGAN

Beer is FREE! CREATIVE! and FUN!

"SPRIN VALLEY PROJECT"
for 2050 by KIRIN
Established in 1870, Yokohama

日本的品牌
與世界共同發聲

——釀造人、釀造時間、釀造關係（BREW）、 21.5 世紀型開放式啤酒廠的提案

全員參加，一起釀造"We can brew ANYTHING!"
——非物質化、體驗創造、精神性滿足（＝幸福）、服務（脫製造商）

從一行開始寫起的企劃書

〈中央下方〉加上補充或修飾、規格或特色等更詳盡的資訊。也可以列出項目清單或簡圖解釋。

〈左右、斜對角位置〉寫出相關元素、衍生元素、讓想法進一步發展、擴大的靈感。使用箭頭增加因果關係、時間經過所引起的效果。

基本上都是從紙張的中央往外寫，但有時也會從最上方直接往下寫（直式的話，則是由右往左），例如以下這些情況。

- 當創意或整理過的內容都已經在腦中彙整好的時候。不要隨機配置，依照邏輯從上往下寫，就會比較容易理解。
- 希望用一篇文章整理企劃主旨、背景的時候。
- 希望表現出宛如抒情詩或散文那種流暢感與感性的時候。

每個人喜歡的寫作方式都不同，也有各自偏愛的寫法。總之就先寫寫看，試著找出最容易把企劃內容傳達出來的形式。

我早期的企劃書裡常有許多不太想讓別人看見的個人情感，也暗藏了些許令人難為情的獨白。

大家也請務必試著（在心中）說出更多令人感到難為情的龐大野心。然後，把內心描繪的畫面化成現實吧！

用自己的文字撰寫

瀏覽網路或閱讀報紙、商業書籍等內容，有時會猛然被「這句話好棒」或「這個想法好聰明」等，令人驚豔的想法或字句所吸引。

把這些內容記錄下來，當然沒有任何問題，還可以當成日常的輸入吸收資訊。不過，如果打算在未消化的狀態下，把它當成自己的文字，反而會有一種搔不到癢處的感覺，畢竟那些文字終究是別人的。

將「除非看到A，才能回想到B的那種輔助回憶型字句」原封不動搬出來套用的話，沒辦法傳達出真正的魅力。因為那是別人的產物。不是從自己的腦袋浮現出的字句，就無法產生獨創性的想法，也無法產生說服力。我能理解那種愛上某些聽起來很順口的字句，進而希望使用那些字句的心情。但缺乏獨創性或能量的字句，根本毫無意義。

對於那些挑逗人心、充滿魅力的字句，要多加注意。

修飾詞太多，反而失去意義

其實我自己也常常因為過於貪心，填塞太多內容，反而忘了最重要的事。其中一種貪心的情況就是使用大量的形容詞等修飾詞。

只用一個簡單的字句，就能讓消費者馬上聯想到「啊，就是那個嗎？」這樣才是最理想的情況。

最具代表性的範例就是可口可樂。只要一提到「暢快、清爽」，就讓人馬上聯想到的商品，可口可樂應該算是其中一種吧。「暢快、清爽」可說是可口可樂的代名詞了。

但若加上「健康且味道濃郁」，會有怎樣的結果？

「暢快？提神？」「健康？美味？」修飾詞前後矛盾，讓消費者感到混亂。結果，購買商品的人搞不好反而會減少。

如果希望增加更多的詞，就試著從別的角度切入。例如，試著用名詞或形容詞來結尾。或者用「給～」或「有～」等助詞來結尾，為文字帶來餘韻或深意。只要改變句末的語氣，就能產生文字的肯定性與強度。或是相反地，使用細膩的語調與增添親和力等。只要稍微改變一下表現的方法，就能大幅度地改變氛圍。

另外，發現多餘空間時，可能會突然產生「想再多加一個詞」的衝動。但在增加一個修飾詞後，卻發現完全沒效果。於是就持續堅持，不斷增加。

之所以會寫那麼多，原因就在於缺乏決定性的因素。因為無法掌握核心，所以就會不自覺地企圖補充些什麼，藉此彌補不足。

最糟糕的狀況是寫出一堆形容詞或比較級（更～、比～、甚至～等）的字句，如此一來，看不到關鍵詞或絕對加分的企劃，就顯得蒼白無力。當然，或許一開始並不打算這麼做，但結果往往會變成這樣，所以必須多加注意。

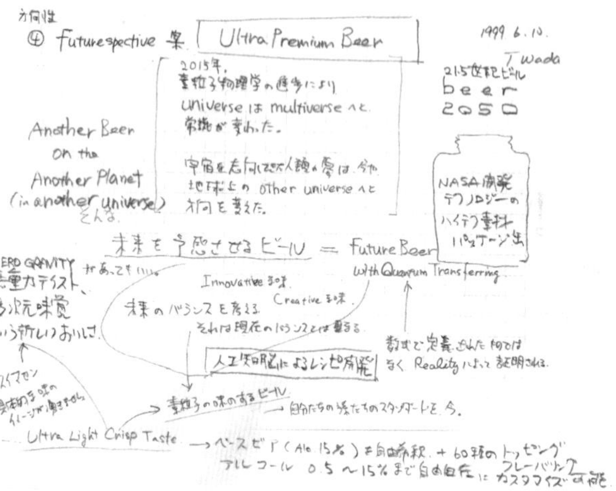
Ultra Premium Beer
1999.6.10
T.Wada
Another Beer
on the
Another Planet
(in another universe)
Ultra Light Crisp Taste

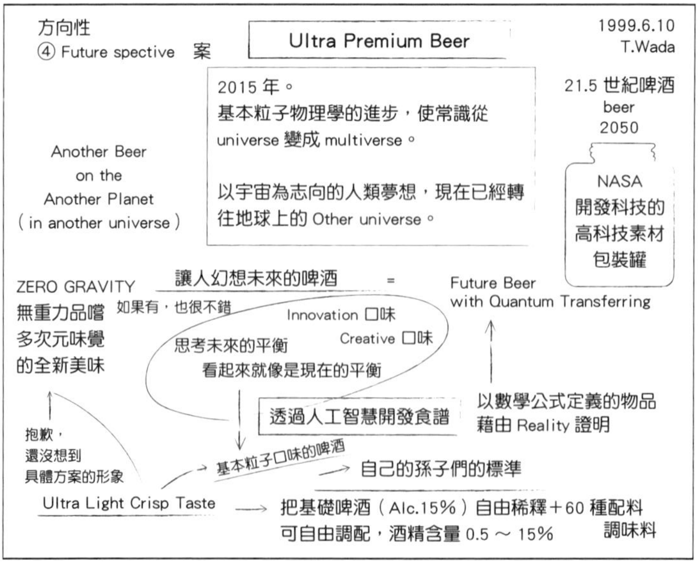
方向性
④ Future spective　案
Ultra Premium Beer
1999.6.10
T.Wada
2015 年。
基本粒子物理學的進步，使常識從
universe 變成 multiverse。
以宇宙為志向的人類夢想，現在已經轉
往地球上的 Other universe。
21.5 世紀啤酒
beer
2050
Another Beer
on the
Another Planet
(in another universe)
NASA
開發科技的
高科技素材
包裝罐
ZERO GRAVITY
讓人幻想未來的啤酒
=
Future Beer
with Quantum Transferring
無重力品嚐
多次元味覺
的全新美味
如果有，也很不錯
Innovation □味
Creative □味
思考未來的平衡
看起來就像是現在的平衡
以數學公式定義的物品
藉由 Reality 證明
透過人工智慧開發食譜
抱歉，
還沒想到
具體方案的形象
基本粒子□味的啤酒
自己的孫子們的標準
Ultra Light Crisp Taste
把基礎啤酒（Alc.15%）自由稀釋＋60 種配料
調味料
可自由調配，酒精含量 0.5 ～ 15%

扣分的企劃書（修飾詞過多，抽象且難以理解）

最理想的作法是在不使用修飾詞的情況下，把想說的內容「名詞化」。例如，在「冰結」（銷售當時是「冰結果汁」）的企劃書裡，變成商品名稱的名詞「冰結果汁」就秀在企劃書的中央。

就讓我們刪掉多餘的修飾詞，找出無法用其他名詞取代的「最具代表性的名詞」吧！

企劃書使用的詞必須是「無可取代」的詞才行。如果企劃內容被當成想法大雜燴，肯定馬上就被丟進垃圾桶。企劃書越簡單越好。

當企劃書塞滿一堆文字時，請逐一確認每個字句，問問自己：「如果沒有這段字句，這份企劃就無法成立了嗎？」

捨棄那些絞盡腦汁想出來的字句或靈感，肯定非常難受。那些不得不忍痛放棄的字句，請務必把它保留在某處，不要徹底抹除。因為日後或許會有使用或參考的機會。

我個人的作法是把它保存在名為「Wada's Paper」的紙製資料夾裡，或保存在名為「停車場」的電子檔裡。

加上圖解或插畫，塗鴉也可以

很難用文字說明的概念或設計性的內容（包含形狀或觸感在內），可以把圖解或插畫放進企劃書裡。

就如大家體驗過的，視覺溝通的速度會比文字快上數十倍。即便是塗鴉程度的簡單插畫，仍具有十分強大的效果。

把人的臉、手或小配件等，可以讓人聯想到使用情境的素描配置在周圍，也能有效創造出世界觀。

假設你的想法是用生啤酒的感覺暢飲「生CHU-HI」，這時或許可以用一張「從生啤酒酒桶倒出CHU-HI」的圖，來提高「新鮮感」或「臨場感」。

或者，如果你的企劃是把圓形或流線型的木製&樹脂商品，推廣到一個以線條俐落的金屬材質商品為主的市場時，只要利用形象素描來展現，就能瞬間讓人明白「原來要銷售的是過去沒有的商品」。

企劃書的視覺並不是為了設計實際銷售的商品，也不是為了廣告的製作。而是為了把想法寫在紙上，確認其有效性並獲得關注。為了以更有魅力且有效的方式傳遞、鞏固概念，請讓想像力在紙上盡情遊走。

不過，精心繪製的圖畫可能會被誤解成商品的設計案。為了補充說明，讓人了解企劃的內容終究只是「想法或概念」，最好還是採用簡單的圖畫。

老實說，我的畫功只有塗鴉等級。就算如此，只要把腦中的想法畫成圖畫，就能讓想法更貼近現實，還能進一步擴大想像。如果塗鴉程度的圖畫無法正確傳達想法，那就代表那個想法本身很可能不會實現。

此外，也可以運用縱橫兩軸，把商品定位或市場變化的位置關係製作成簡單表格，或是「A案vsB案」、「過去vs未來」、「From→To」之類的對照表，這樣一來，企劃書就可以變得更容易理解（如第一七五頁的圖）。

如果你沒辦法從頭開始寫出完美的企劃書，或是找不到核心字句，說不定這種模式也不失為一種方法。或許在畫出圖表的過程中，就會有某些察覺，因此可能產生靈感。

另外，系列產品如果製作成並列的視覺，就會更加一目了然。同樣地，如果以視覺形式把兩種商品放在一起對比，就能讓受眾更容易理解概念，也能進一步挖掘出應該改良或修正的點。

最後就是把那些內容潤飾成純文字的企劃案，請試著在這一連串的過程中，找出最容易傳達想法或魅力的方法吧！

使用比較表的初期企劃筆記

1999.02.10
T.Wada

Hi
Na
Ta

> 這是與傳統啤酒企劃文案形成對比，鼓勵積極選擇全新未來目標（尤其針對女性與生活先進派）的麒麟純攻品牌。針對全新啤酒提出新的文脈，讓消費者感受到前所未有的魅力。這就是HiNaTa的市場構想與任務。

最近的啤酒很乏味。我想有許多類似的意見。同樣的製造商，同一批開發人員，開發出味道相同、個性幾乎相同的新產品，結果留下來的只有一如既往的傳統品牌。這樣的循環的確十分無趣。製造商也好、客群也罷，都不把它當一回事。甚至已經放棄。
這段期間，消費者正持續進步。
麒麟開始逐漸變得有趣。我們應該重視社會（一部分）的評判。
怎麼做才能抓住持續進步的群眾呢？或者，該如何用具體的商品展現前瞻的想法呢？
那才是麒麟應該做的。
讓啤酒變得更有趣吧！對過去的常識抱持疑問，預測全新的生活吧！
那裡應該有許多麒麟的未來。

啤酒	HiNaTa
很多人、熱鬧、開朗、活力滿滿	一個人、和妻子或朋友兩個人、隨興
小酌、泡澡後	假日午後（11點～17點）、室外
以自我犒賞為主	以放鬆為主，未必與自我犒賞有關
順口、快速、冰涼、微苦	奢華香氣、微溫也可以、不苦、慢飲
搭配下酒菜、啤酒是主角	沒有下酒菜、隨口喝
搭配日式、西式料理（尤其是肉、魚類）	也適合搭配甜點、義大利麵或麵包

18 讓靈感結晶、拋光

對方的思考角度——「KIRIN FREE」的魅力是什麼？

所謂的「概念」，是指盡可能用簡短的文章，淺顯且直接地表現商品的特色、魅力與價值，就像是商品的設計圖那樣。

製造商通常都會想從概念上談論商品的優異特色，但消費者真正想知道的是「該商品對自己有什麼好處？」除了好處之外，商品「希望傳達的特色或屬性」對消費者來說完全沒有意義。「什麼？那是什麼意思？」那些特色或屬性只會讓消費者感到了無新意。

正因如此，才必須從開發的初期階段就把「消費者在意的利益」視為商品概念的重心。

開發「KIRIN FREE」時，酒精含量〇・〇〇%的啤酒風味飲料是全球各地都遍尋不著的創新商品。因此，我一開始便打算以「世界首創的〇．〇〇%」作為重點訴求。

然而，我們卻從開發階段的消費者調查結果發現，消費者對我們的訴求並沒有太大的反應。

他們的感受是這樣的。

「世界首創的〇．〇〇%，我懂。可是，那跟我一點關係都沒有。」

也就是說，如果沒有確實傳達「這個商品能辦到什麼？」「對消費者來說有什麼好處？」「是否能夠改變社會？」就很難讓消費者感受到魅力或受益。

最後，產品以「把酒駕降至〇．〇〇%」這樣的標題上市銷售，果然商品的益處、願景和存在意義，全都清楚地傳達給消費者，帶來了前所未有的成功。

成功的理由當然是因為，商品的願景讓消費者感到震驚的同時，也引起了共鳴，使商品本身得到了大量的支持。如果當初只靠「世界首創的〇．〇〇%」，是絕對不可能成功的。

不論是多麼創新的商品，如果把太多重點放在企業或商品上，通常會很難得到消費者的共鳴。

一旦讓消費者產生「So what?」（那又怎樣?跟我有什麼關係?）的感覺，即便是再出色的商品，仍會馬上被判出局。

尤其是全新的重點商品，或是企業自信滿滿全力開發的新產品，往往都會陷入這類「陷阱」。因為越是充滿自信，越是看不見周遭。正因為事情進展順利，才更應該從消費者的角度去反覆檢視。

每當要重新編寫商品概念時，就先暫時清空思緒，站在接收者的角度去重新檢視吧！

成為這個品項的代名詞，甚至超越商品成為最強的語詞

雖然前面已經提過很多遍了，但這邊還是再確認一次。

商品開發就是「詞語開發」。

就是要找出能在世界上引起變革的「唯一的詞」。

讓我們徹底追求「堅實的詞語」吧！如果可以讓那個詞變成「專有名詞」，或是成為獨特且為人們所熟悉的詞，那就是最棒的。

如果找到那樣的詞，除了將它應用在商品說明或廣告標語之外，最理想的作法是讓商品的名字本身使用那個詞。

最強的情況是，除了用那個詞創建這個品項之外，同時讓那個詞成為這一類商品的代名詞。

如果沒有日清食品的「杯麵」一詞，就不會有現在的杯麵市場。誠如大家所知道的，日清杯麵就是從傳統的袋裝泡麵進化而來，以全新形式登上世界舞臺的劃時代商品。

像速食那樣，可以直接站著吃的「杯麵」，也進一步改變了日本人的飲食習慣。累積銷量超過五百億杯的長銷成績是可以理解的。

此外，「宅急便」、「免治馬桶座」、「OK繃」也是同樣的道理。「像○○那樣的東西（服務）」，就是要以那樣的詞為目標。

另外，除單一品項之外，還要多加留意適用於各種業界，或是可進一步互換的詞。

最具代表性的範例就是具有減少之意的「低」這個字。隨著全民健康意識的提升，標榜「低糖」、「低熱量」的商品，在酒類、飲料、食品類別中有逐漸增多的趨勢。「低」可說是從「淡麗綠標」開始逐漸擴大的一個類別。另外，與情緒轉換、開放感或氣氛相關的商品類別，也有受到影響。

近期的範例還有因為「Spring Valley Brewery」而在日本聲名大噪的「精釀啤酒」。現在，「精釀」這個詞正逐漸擴散到其他的類別。

另外，還有「療癒系」這個詞。例如，「療癒系偶像」、「療癒系人物」、「療癒系家飾」等，只要套上這個詞，就代表那是個能讓人感到舒適、放鬆的商品。之後，甚至連飲料、食品等也開始使用這個詞，例如「療癒系飲品」或「療癒系冰淇淋」等。

只要那個詞能夠跨越類別，被應用於各種不同的領域，那個詞就會開始產生強大的力量。然後，只要仔細觀察那類的詞，就會發現它們都具有訴諸感覺或情緒的共通點。

低＝安心、開心

精釀＝耗時、溫暖、有益身體、環保

療癒系＝感到舒適、放鬆

開發詞語時，請務必把可能隨著大趨勢一起擴散到廣泛市場的詞，或是訴諸感覺的要素，一併納入考量。

目標是一秒鐘完全表達

・寫得非常詳細，卻要花很多時間才能理解。

・感覺很酷炫，但如果沒人說明，就完全不懂。

這樣的概念嚴重缺乏說服力。

概念的原則是單純明快，瞬間就能理解。

可是，簡潔的字句很難融入觸動人心的元素，或是帶進細膩的情緒。如果你希望快速傳遞出那種效果，請務必善用影像擁有的力量。

「什麼人在什麼心情、什麼狀況下使用商品？」市場行銷學稱之為「定位」，這裡則是建議大家依照真實情況描繪出象徵性的使用場景，應用在概念上。

當初，「冰結」的開發團隊表示，「希望製作一款在出差回家的新幹線上，即使是像我這樣的女性，也能大口暢飲、完全不會難為情的 CHU-HI」，後來，因為實際採用的暢飲場景的確讓人一眼就看出開發團隊的這項訴求，CHU-HI 的市場才逐漸擴大開來。

當時，罐裝 CHU-HI 的品牌形象是「中年老頭會喝的飲品」，只有打算喝到爛醉的男性才會買。就算有這樣的形象，不過因為沒有其他選項，所以當女性想喝 CHU-HI 時還是會買。但又認為好丟臉、有點悽慘……。實際訪問消費者，的確也有女性表示：「每次回家看到冰箱裡的 CHU-HI，會覺得自己有點可悲。」

在生活中習慣挑選自己喜歡的東西，對他們而言，當時罐裝 CHU-HI 的設計也好、品牌形象也罷，全都很難讓人產生親近感，也不會有半點心動的感受。

「讓女性也能在出差回家的新幹線上大口暢飲、完全不會難為情的CHU-HI」

從這個形象彷彿能聽見消費者在內心深處吶喊：「希望味道、設計、形象，所有的世界觀都可以煥然一新！」（雖然實際上並沒有叫出來）

只要挖掘出所有內容的影像，就能瞬間增強概念，提高商品的能量。

「一番搾」、「冰結」、「KIRIN FREE」的命名必勝法

「直接用概念命名」是我常用的命名法之一。

就算再怎麼努力地玩弄文字，最後不是「不太適合」就是「曾經聽過」，這種坎坷的命名過程並不少見。有時也會陷入看不到出口的「命名地獄」，淹沒在數百個不適合方案的「候補汪洋」。

與其那麼大費周章，倒不如直接用原料、製作方法、商品特性等事實或概念來命名。這麼做才是致勝關鍵。「一番搾」、「淡麗」、「KIRIN FREE」全都是採用這種方法。「XYLITOL」[15]口香糖也是。

其實「冰結」的名稱發想，也是源自於概念和商品本身。

過去的 CHU-HI 是先把果汁濃縮，減少容量，以節省搬運與倉儲成本。等到要使用時再加水，讓濃縮果汁恢復成原始容量。這種果汁稱為「濃縮還原果汁」。雖然成本低、效率高，卻會失去果汁原有的鮮甜和現摘的香氣。

為了避免上述情況，「冰結」在 CHU-HI 類的飲品中，率先採用了耗費較多成本與時間的「現榨果汁」。這些果汁完全沒有經過濃縮還原流程，而是在現榨之後瞬間凍結。

因為是「直接讓果汁凍結（冰結）」，所以就乾脆用「冰結果汁」來命名，那是當時身為開發負責人的我的發想，也是我的結論。

雖說「凍結」這個詞也很類似，但太過普通了，所以就直接排除，選擇了比較少見的「冰結」一詞。而且「冰結」字面上也給人冷冷的「冰」的形象。也有聽過一次就不容易忘記、很好記住的優點。

15 編註：XYLITOL 即木糖醇，是一種食品添加物。

一個詞語越獨特、絕無僅有，能徹底代表那個商品或品牌的可能性就越高。說到「冰結」，就只有麒麟啤酒的 CHU-HI 才有。也就是說，「冰結」這個詞能成為專屬名詞。

另外，還有在開發過程中納入的創新鋁製容器「鑽石切割罐」。帶有稜角的鮮明形狀，非常符合「冰結」的形象。「這個名字絕對沒問題！」這是強化我信心的最大主因。

只要營造出像冰那樣的冷冽世界觀，就能讓人確實感受到名稱、包裝、形象、味道等所有要素的一氣呵成。

麒麟啤酒投入 CHU-HI 市場的關鍵球非「麒麟 CHU-HI 冰結果汁」莫屬。這是全場一致決定的。

上市之後，雖然「冰結果汁」十分暢銷，但正因為該商品對社會具有極大的影響力，所以才會遭受嚴厲的批判。

因為商品名稱是以「果汁」作為結尾，所以可能會被未成年人或不能喝酒的人錯認成果汁而誤飲。

經過內部幾次的緊急討論，公司決定為了履行社會責任而更改品名。於是，銷售未滿一年的「冰結果汁」變成了「冰結」。這對於榮獲命名大賞等無數獎項的熱銷商品來說，可說是一個特例。

但就結果而言，「冰結」兩個字更簡短有力，或許反而是個更容易深入人心的名稱。

雖然「冰結果汁」非常符合商品概念，但就品牌化的層面來考量，「冰結」更強而有力。

自二〇〇一年七月上市以來，已銷售超過二十年的「冰結」，仍然是燒酒高球與雞尾酒飲料市場中的長暢品牌。

讓別人看看企劃筆記

寫給自己的企劃筆記，尚處於未加工的原礦狀態。為了進一步打磨、拋光，我建議也讓其他人看看，試著尋求對方的意見與感受。

就從工作上有接觸的同事之中來找諮詢對象。

我找的人幾乎都是麒麟公司裡面備受敬重的開發者或市場行銷人員。不管是前上司、前同事、已轉調其他部門但仍有來往的人，又或是前輩、後輩，通通來者不拒。若這些人之中有技術領域人士，我也會希望聽聽他們不同觀點的意見。

我也經常徵求家人、朋友的感想，當成一種接近消費者的觀點來參考。

聆聽意見時，保持「平常心」是非常重要的。如果是很慎重地用電郵或打電話預約，或是約在會議室見面，對方就會如臨大敵似地做足準備。但我認為應該更隨興一些，例如在擦肩而過時稍微提一下「有事想找你商量，聽聽你的意見」，然後再跟對方約時間。

場所也不必刻意選擇，休息區、開放空間、對方或自己的辦公桌旁都可以。建議盡可能坦率地，只從一張白紙開始聊起。如果只能使用會議室，那就並肩而坐、隔著桌角斜坐，或是並排坐在白板前。總之，就是要避免面對面坐著。因為從人類的心理來說，面對面坐著會產生多餘的緊張感，形成敵對的氛圍。

另外，首次徵求他人意見時，還有一件重要的事。

徵求意見的對象，不要挑那種可能提出「我懂，但這可不是童話耶！」「你認真？」或「那種事是幾十年後才可能實現吧？」等負面評論的人。

在這個階段，把自己珍藏的企劃筆記拿給別人看，目的是為了獲得肯定。「這個很讚耶！」「我覺得很棒！」「絕對值得一試！」有了這些鼓勵，之前的孤軍奮鬥才不會感到白費，才能夠獲得更多前進的自信與勇氣。

也就是說，比起務實且嚴肅的建議，你更需要的是「讚美」。

如果要挑戰會嚴厲吐槽、毒舌的「大魔王」，還是等企劃的完成度提高之後再說吧！

先得到讚揚和認可，再進一步徵求建議、聽取更好的想法、彌補不足之處的觀點、應該解決的課題或注意事項等，這樣就可以了。

例如，在這個階段可望獲得的建議像是：

①對消費者的理解不足、深層心理的錯誤解讀

②過去的類似案例
③法規或守則
④積極向前的替代方案
⑤介紹可能熟悉這個案件的人

因為上面這些事情很難靠自己徹底了解，所以徵詢別人的意見就會非常有幫助。另外，「如果是這個案件的話，那個人應該比較了解，你要不要找他問問？」那位被介紹給你的人物，有時也可能在企劃中發揮關鍵作用。請務必與被介紹的那個人保持聯絡。

我希望你注意的是，把企劃筆記拿給別人看時，不要太緊張、不安，也要盡量避免解說過多。把一切交付給對方的解讀力與想像力，仔細觀察能夠傳達多少內容給對方。

如果有願意積極回答的對象，就進一步徵詢下列內容，掌握更多改善的線索。

・是否馬上就能理解？
・是否有哪些部分覺得有趣、新穎、具獨創性？
・現實中存在著什麼樣的問題？
・你認為公司內部、經營團隊或技術部門會有什麼樣的反應？
・和中期計劃或既有的商品戰略之間是否有共存或混亂等令人在意的部分？
・目標的理解是否正確？
・什麼樣的人可以用什麼方式擴展？
・是否可能讓社會更好？有助於解決社會的課題？

不管是嚴厲批判還是毒舌評語，只要能得到坦率的意見，就是種幸福。面對願意給予建言的人，自己的態度非常重要。平時若能總是認真聆聽對方說的話，對方才會願意真誠相待，成為日後的助力。

是否有令人驚喜的新事物？

一、開發看似新穎，又能明快回答「哪裡新穎」的商品。
二、總是成為業界的先鋒，絕對不模仿。

這是令人尊敬的前上司橋本誠一先生（當時的商品開發研究所長）所規定，麒麟啤酒商品開發的政策之一。即便到了現在，我仍然把它視為絕對不可動搖的方針。

就如同本書所說的，好的概念必定有「一眼就可辨識的新穎之處」。關於新穎的說法，市場上有許多「日本首創」或「○○獎賞」這類客觀且淺顯易懂的詞。然而，「每個製造商都這麼說」、「日本首創、業界史上最○，還有『與本公司相比……』這類說法真的聽到膩了」，一旦讓消費者產生這種想法，就不會有下文了。如果要抓住人心，語氣相對委婉的新說法比較能吸引對方。最重要的是，「會不會帶給人眼睛為之一亮的新鮮感」。

請再次站在客觀角度，檢查已改寫過好幾次，一邊參考各方建議、一邊持續改良的概念提案，然後進一步提煉成更具突破性的無敵概念吧！

Column「麒麟淡麗〈生〉」的命名祕辛

「淡麗」這個詞，是在開發「麒麟淡麗〈生〉」的數年前，從我負責的威士忌新品命名案誕生的。

某天，我和麒麟威士忌負責開發香味的米澤俊彥先生，在中華料理店針對啤酒和食物的「美味本質」閒聊。他是一位味覺與嗅覺專家，曾在某電視節目上矇瓶試飲（遮蔽酒類的品牌名稱進行試飲評比）二十種國產啤酒，結果全都完美猜中品名。那時，他分享了一段有趣的故事。

「中華料理有兩個用來誇讚絕頂美味的詞，詞性卻是兩個極端。一個是『淡麗』，清淡爽口卻不會太稀薄。另一個『豐醇』則是完全相反，形容味道濃郁、醇厚卻不油膩」。

受到這段話的啟發，我決定以兩種極端美味為特色，開始創造 BOSTON CLUB「淡麗原酒」和「豐醇原酒」兩種威士忌商品。

和前田仁先生（時任 KIRIN-SEAGRAM 的市場行銷部長，當時我負責開發新商品）一起參加新商品創意腦力激盪營時，我才終於把這個放在心裡許久的想法告訴他，結果他十分讚賞地說：「這個有趣！絕對會大賣！」

之後，前田先生和我被轉調到麒麟啤酒的市場行銷部，負責麒麟第一款發泡酒（進入發泡酒市場的商品）的開發專案。

在討論時，我提出了那個「淡麗」的話題，於是決定採用「淡麗」作為發泡酒的概念。

商品名稱就直接採用概念，命名為「淡麗」。憑藉著我們對公司認真的態度和創造風味的自信，我們從麒麟啤酒的正式法人名稱「麒麟麥酒株式會社」中取用「麒麟」兩字，與商品名稱結合，讓商品更符合既堅實又長暢的品牌形象。姓「麒麟」，名「淡麗」。於是，不同於發泡酒風格的堅實商品名稱就這麼誕生了。商品後來大受好評，還拿到了命名大賞。

第4章

保有純度，並引起化學反應

如果沒有透過團隊引起化學反應
就無法做出超過一百分的商品
六個技巧讓滿分成為可能

19 技巧性地拉入團隊

從「談論夢想」開始

這邊要跟大家分享的是，經過獨自思考後，接下來便是關於團隊工作的開發。這個階段最重要的是在團隊成員之間產生的化學反應。要借助全體成員的見解，把想法打磨成更令人意想不到的絕佳靈感。

這時有件事必須特別注意，就是失去創意的「純粹性」。和他人一起腦力激盪或聽取他人意見的過程中，自己有可能會逐漸偏離當初的靈感。如果靈感能因此變得更具魅力，當然沒問題。然而，由許多意見和嚴肅觀點拼湊而成的結論，往往會讓原本尖銳的稜角變得圓滑，失去原有的個性。在達到共識的過程中，無論如何都會想辦法「去蕪存菁」，還可能加上基於現實考量的制約條件，據此做出符合最大公約數的商品方案。這時，前方沒有安打、沒有全壘打，更沒有創造性破壞，甚至很可能無法達到成功上市的目標。

若要避免陷入如此窘境，就要巧妙地帶領團隊朝自己期望的方向邁進，並引導成員自由發想。

身為領袖，我會在第一次會議上，從「談論夢想」開始說起。不光如此，在團隊成立後的數個月期間，我們會刻意地反覆討論專案的夢想和意圖（Why）。

即便是有新成員加入的第一次會議，我仍會在自我介紹告一段落後，突然切入主題。

「大家認為我們接下來要製作的這個商品，應該以什麼為目標？也就是說，大家認為這個商品的『本質』或『意義』是什麼？」

說完這段話，大部分的人都會警戒起來，保持沉默。但這樣正好，我就能趁機好好傳達我的想法。

我會接著說：「那麼，這邊給大家一些提示吧！也就是應該朝哪個方向思考才好？例如，希望透過這個商品改變什麼？希望如何牽動市場？二十～三十年後的未來會變成怎樣……。」

剛開始我只會用說的，最後會使用過去畫在筆記本上的圖，並利用大家都能理解的淺顯言語，慢慢地仔細說明。

接著，原本持被動態度的成員們，眼睛開始閃閃發亮。他們會開始暢談自己的感想。

「其實我從沒想過自己會在這個專案上花費這麼多心思。我認為這次專案的目的是投入新商品，挽回居於劣勢的市占率。」

「我也一樣，居然能寫出這麼大膽的企劃，老實說我嚇了一跳。」

若能有這樣的意見就太棒了。大家就能在確定方向一致的情況下，提出自己的想法。

經過這樣的討論和腦力激盪之後，原本的「個人企劃書」就會變成「團隊企劃書」。

這個過程最少要花兩、三個星期。長的話，可能要數個月。

當然，有時仍可能因為嚴格的時間限制，而不得不突然進入具體的商品規格設計，或廣告與促銷等行銷計劃。

即使如此，仍必須想辦法抽出時間，集合團隊，針對構想、任務或意圖等議題進行討論。

另外，隨著專案上軌道、團隊相關人員變多之後，要斟酌時機再次召集全員，花上一整天徹底磨合今後彼此的方向。

我把這個活動稱為「訓練營」。雖然沒有過夜，我還是會這麼稱呼，因為這個名稱能營造出團結感。通常只要做過一次，就能明顯感受到差異。如果做一次的效果不夠，那就多做幾次。理想情況是每三個月一次，或至少半年一次。

不管什麼組織都一樣，人數越多，就越難團結一致。如果放任不管，就會逐漸失去最初的耀眼光芒。

「我們是為了什麼而做？」

「這件事會對社會帶來什麼變化？」

「如何才能讓消費者、公司、自己呈現最佳狀態？」

隨時讓成員們了解這些，保持熱情燃燒的狀態吧！

靠團隊的力量擴展企劃

在腦力激盪的過程中，氣氛營造之類的引導技術 (facilitation techniques) 非常重要。

即使是有點愚蠢的想法，依然能毫不尷尬地說出口，甚至受到鼓勵。只要能營造出這樣的氛圍，就能讓團隊成員積極參與，將團隊的力量發揮到最大。

商品開發從來不是酷炫的工作。很多人因為對商品開發懷有憧憬而到製造商任職，有時也會看到一些對市場行銷部或商品開發部有所誤解，抱持著菁英心態的人。這真是天大的誤會。

「開發工作就像是直接把內褲脫掉，用赤裸呈現的心情去創造詞語。」

沒錯，就我個人來說，這份工作的確挺吸引人的。但如果自己的內心或是難堪、沒出息的部分，沒有袒露出來的話，就無法創造出最貼近人類慾望的文字。你別無選擇，只能把尊嚴暴露在風險之中，毫不掩飾腦中的想法，不斷提出點子。

正因如此，你才需要更多能量，更多不怕難為情、毫無保留任何糗事的勇氣。更重要的是，你應該「享受」那份工作。

靈感降臨時，請先把實現的可能性和現實的制約條件拋到一旁，盡情讓腦中出現天馬行空的想法吧！反正那些想法之後會再彙整成「強大的企劃」，但那是很後面的事。屆時，那些想法將會成為充滿魅力、遭受任何逆境都無所畏懼的超強企劃。請先不要在意未來會如何演變。總之就是先營造歡樂氛圍，讓大家能一起構思各種超出常軌、荒誕無稽的想法。

當團隊迷失方向時，先回到原點

團隊在交流概念的過程中，有時會不知道下一步該做什麼、失去方向，甚至不知道討論的目的。這就是團隊迷失方向的情況。

團隊迷失方向的原因有兩種。

第一種是領導者或引導師(facilitator)沒有讓團隊成員清楚了解會議主題或目的，導致偏題、毫無進展等意見無法一致的情況，也就是缺乏會議管理技能。

另一種是沒有釐清專案或團隊的「目的地」，或是在理解程度各不相同的狀態下就急忙討論部分內容。

提出的意見或想法越多，討論的情況越是活絡，中途必定會出現「對了，結果我們到底是想做什麼？」這樣的情況。

這是因為提供給全體成員的構想、意圖、願景不夠深入，所以才會欲速則不達。這代表大家重新討論的機會已經來臨，所以要再次回到原點。

就跟迷路時的規則一樣，「如果迷路，就先回到出發點」。

曖昧的詞要靠視覺的力量

若單靠文字就能百分之百地表現出希望說明的內容，自然是再好不過。

但企劃筆記還沒寫完時，遣詞用字十分粗糙，概念表現也不夠成熟。在找到完美詞語之前，有沒有暫時的替代方案？

我建議先借助視覺素材的力量。這會比只靠文字思考更深入地挖掘概念，就能找到更完美的詞語。

為了表現商品或概念，有時會用到這樣的字句：

「痛快暢飲的飲料」

但「痛快」是什麼感覺呢？

・在美麗的海濱渡假勝地，躺在沙灘上，享受假日悠閒時光。
・下班回家，坐在沙發上看電視，打開啤酒罐的那個瞬間。
・向黑心企業提出辭呈，感覺如釋重負的午後。

浮現在腦中的「痛快」場景還有好多好多，但那種「痛快」卻很難具體表現出「程度」或「多寡」，因為每個人的解讀、感受都不同。

如果忽略上面這種情況，直接進入討論，是永遠無法達到共識的，所以才要想辦法建立起團隊之間相通的解讀與共識。

這時，視覺力量最能派上用場。

若以前面的案例來說，我覺得拼貼畫的效果最好。首先，請團隊成員從雜誌或網路上找出可以表現「痛快」感受的圖像。然後把那些場景剪下來，分別貼在紙上（當然也可以利用電子檔製作）。

把感覺「最貼切」的圖像貼在紙的正中央。「也有可能是這樣」或「也可能衍生成這種情況」這類程度的感覺，就貼在周邊位置。

只要觀察完成之後的拼貼畫，應該就能馬上掌握到其他成員心中的「痛快」感受，究竟是什麼程度。

如果要讓彼此的共識更加準確，就把「有點誇張」或「方向完全不對」的ＮＧ範例，另外彙整起來。

其實，越是常用的詞，就越難達到共識。

例如「休閒」。

庶民品牌的「休閒」和精品的「休閒」是截然不同的。婚禮後的小派對或社交聚會的服裝規定是「休閒裝」的話，大部分的人應該會覺得十分傷腦筋。出席賓客之間也會彼此商量吧。

正因如此，視覺溝通對於引導團隊進行磨合是非常有用的。也有助於發現想法的差異，增進彼此的理解。

「什麼才叫做酷炫？」

即使是這麼一句簡單的話，仍可能掀起一番論戰，因為每個人對「酷炫」的認知有著極大的差異。當年輕人跟我說「你已經不酷了」，或許我會感到非常沮喪，但這也是種學習。當下學到的內容也能運用於前面提到的「X人物」。雖然心靈會受到傷害，還是有極大的收穫。

視覺溝通可以幫助自己發現很多事物。所以，不要只是拘泥於遣詞用字，可以充分運用動畫或音樂等各種媒介手段。

想推動自己的企劃，就別把白板交出去

開會或腦力激盪時使用的白板，也有訣竅可以分享。

請把書寫用的白板筆當成指揮家的指揮棒。盡量別把指揮棒交給其他成員，

盡可能親自紀錄，掌握主導權。重點有兩個。

①務必填上主題和日期

寫在白板的最上方。主題要載明準備討論的內容、打算討論到什麼地步。例如，「如何把○○變成△△？」「△△的調查用概略（最多十行以內，在今天內敲定！）」「決定○○（專案名稱）的關鍵字（僅一個詞）」等，盡可能地具體，與會成員就能時刻留意「提出關於○○的想法」。

②蒐集意見和即時編輯

盡量毫不遺漏地逐一寫出成員們提出的方案。看到自己說的話被寫在白板上，就足以讓人感到十分開心，鬥志隨之高漲。

至於那些「很難認同」的方案，就用「你的意思是不是○○○？」等方式，幫對方解圍。這樣就能把方案提升到不比其他方案遜色的程度，或者，你也可以藉此機會進一步編輯。

基本上，成員的意見不要原封不動抄下來，要盡量解讀這個意見的本質或背景，並結合自己原本的方案或想法，再進行轉換、整合。唯有握著白板筆的那個人，才能做到這個地步。

盡可能把大家的想法寫在白板上，再巧妙地編輯，加以統整。就像是把白板當成「公共調理臺」那樣，做最後的彙整、完工。

重點在於，寫下其他人的想法時，還要巧妙地把討論往自己期望的方向引導。把各個出色的想法或靈感予以整合，誘導出更好的結論。

只要採取這種方法，就不會給人只採用某人意見的感覺。所有成員都可以獲得「對結果有所貢獻」的成就感。「這是全體一致通過的最佳結論！」只要大家都有這樣的感受，就能提高團隊的凝聚力。

最近，線上會議有增多的趨勢。可是，「團隊成員全聚在會議室，使用白板進行討論」的震撼力、整體感與共同創造感卻格外不同。「就是這裡！」的關鍵時刻，還是試著運用白板吧！

20 創造凝聚團隊的語言

凝聚「冰結」團隊的內部標語

所謂的內部標語，用意是彙整開發團隊的意圖，提高朝向單一目標邁進的能量，僅在團隊內部共享的一種標語。

「就是這個！」只要有令團隊感到激奮的標語，團隊的凝聚力、士氣與鬥志就會瞬間爆發。

開發「冰結」時，團隊的內部標語是「打造一個水果王國」。當時的麒麟是個專賣啤酒的大企業，大到難以想像。因此，在啤酒的主力市場以外，再引進新產品，並不只是「投入新品牌」那麼簡單。

由於公司大部分的組織或架構，都已被打造成生產啤酒的最佳環境。但我們必須想辦法從中擠出空間，把完全不同領域的小商品企劃塞進去。

當然，公司內部幾乎沒有人知道果汁或 CHU-HI、雞尾酒等啤酒以外的酒精飲品。所有部門的眼裡只有「啤酒、啤酒、啤酒！」

雖然公司力圖轉型成「綜合酒類製造商」，但實際情況卻是「總論贊成、各論反對」。資深員工的強烈反對，幾度讓我們四人團隊差點放棄。

不管是身為領袖的我還是其他成員，總會在各種大小會議上遭受猛烈攻擊。好一段時間每當夜深人靜時，我們會聚集在會議室，回顧當天的討論內容、整理問題，嚴肅檢討今後的對策。

那時，在我們眼裡，清一色被啤酒統一的公司，看起來就像個軍隊組織。腦海中會不自覺地浮現出「小麥帝國」這個詞。

行軍井然有序的英勇軍隊。由嚴格的指揮系統、秩序、階級制度建構而成的世界。一絲不苟，甚至連數釐米的缺陷或空隙都找不到的組織。就像電影《星際大戰》的達斯．維達（Darth Vader）[16]……。

16　編註：《星際大戰》系列電影中的頭號反派。

相比之下，我們「冰結」開發團隊的形象則是隨興、清爽、歡樂。大家一起享受世界第一好喝的天然新型酒精飲料……。

就像是水果樂園、水果天堂。不，應該是王國？

沒錯，我們就是要打造「水果王國」！

不管是童話還是繪本，國王或貴族的桌上總會堆滿五顏六色的鮮豔水果。

「小麥帝國」是單調且面無表情的。統治、秩序、紀律、行軍。

「水果王國」是鮮豔且充滿笑容的。熱鬧、自由、悠閒、愉快的音樂。

把這種對立情況當成團隊的共享形象時，我們發誓：

「總有一天，我們也要做出變革，讓公司的文化能夠更靈活地適應全新的時代！」

每天被資深前輩們拒絕、否定的時候，我的腦海裡就會浮現出被堅固城牆包圍的「小麥帝國」。

「我們的使命就是打造一個能與黑暗帝國相比擬，不對，應該是更美好的全新王國『水果王國』。所以，現在就要好好努力！」

就這樣，「水果王國」誕生了，在企劃團隊裡面被賦予了生命。

「Spring Valley Brewery」的內部標語是「我們正在建造一座『大教堂』」。我們希望那裡能成為精釀啤酒愛好者聚集的「聖地」。就像據說花費幾百年才完成的聖家堂（Sagrada Familia），或是巴黎聖母主教座堂（Cathédrale Notre-Dame de Paris）那樣，我們會不惜耗費人力、金錢、時間，傾盡全力地完成建造。不，我們衷心期盼，希望這個故事永遠不會結束，能夠一直譜寫下去。

只要有那一句標語，就不需要在意任何反對聲浪。因為我們早就做好心理準備，「創造偉大的事物，免不了辛苦」、「我們肩負讓社會更加美好的重要任務」。

或許，曾參與這項企劃並堅持到最後的人，每次回想起開發當時的奮鬥過程，腦海就會浮現高聳的莊嚴教堂，湧現滿滿熱誠吧！

語言的力量就是如此強大。當然也就沒有不使用內部標語的理由。

用隱藏概念謀求積極計劃

「雖然我沒有跟其他人說，但其實這個企劃的真正目標是……。你應該懂吧？」

低調不刻意地將開發的意向傳達給局內人，就是所謂的「隱藏概念」。

隱藏概念通常會表現出目標商品與公司其他商品的相對關係，所以不會拿到公司以外的地方使用。隱藏概念位在傳達給消費者的概念背後，是把命名、規格、設計、廣告、市場行銷手法串聯起來，用來解開謎團的萬能鑰匙。

「為什麼這裡非這麼做不可？」

就是因為有這把鑰匙，才能夠快速回答來自周遭的疑問。

「淡麗綠標」的隱藏概念是「淡麗 Light」。

其實是先有「淡麗輕量版應該能開創出龐大市場」這樣的靈感，之後才有了低醣這個特色和「綠標」這個名稱。再來，奔放、放鬆、自然等情感與飲酒場景，以及表現這些景況的「綠色」，便是「淡麗綠標」的關鍵色彩。

此外，「冰結」的情況則是結合了鑽石切割罐、以伏特加為基底的製造方法等概念的「高科技 CHU-HI」。

就像這樣，隱藏概念是唯有開發參與者才知道的共通語言與共識。有了隱藏概念，就能輕鬆共享形象，也能瞬間理解意圖和目標，只要善加運用，就能非常受用。

以最近的案例來說，麒麟當然不會向消費者或媒體隱瞞營運、擴展「Spring Valley Brewery」的事實。不過，麒麟並沒有在商品或店鋪放上大大的「KIRIN」標誌。那種關係就和豐田汽車與同公司所擴展的「LEXUS」品牌標記類似，「Spring Valley Brewery」品牌定位的隱藏概念就是「麒麟的 LEXUS」。

如果要讓團隊、相關部門、經營階層、公司外部的相關人士可以接受並理解新舊產品的差異特性，進而以「協力者」的身分投入參與的話，這時隱藏概念就十分易懂，效果也非常好。

21 打破組織屏障的「提案書」

從企劃書到提案書

前面已經說明寫給自己與團隊用的企劃書寫法。目的是為了把腦中浮現的構想化成具體的形象，讓自己和其他人可以更容易理解。

接下來要說明的「提案書」，則是為了取得公司內部認可，確定使企劃內容成為新業務的必備資料。因此，提案書的目的是獲得批准、建立共識。

當然，公司內部可能已經有搶先推出，或正在同時推動的其他策略或商品。因此，提案書是公司內部用來權衡、判斷，是否可能與那些策略或商品產生衝突、是否適合公司整體營運方向、是否值得視為新業務的判斷材料。

因此，單靠商品本身的魅力是不夠的。還必須清楚展現出與其他商品或專案之間是否可以分庭抗禮的狀態。

我自己製作的提案書，也會塞滿一般組織內部做決策必須要有的一堆項目。

可是，新業務目的、中長期目標與終點、基本策略、市場行銷策略、商品方案的寫法與分量、提案方法等都大不相同。另外，我也會明確提出「現在非做不可的理由」與「未來藍圖」。

就像前面所做的，我會以新市場和新類別的創造為基礎，把直擊新市場核心的想法寫出來。

可是，審查提案書的人是企業經營團隊或其他部門的主管。他們會做出冷靜且慎重的判斷。因此，必須小心不要讓提案內容看起來太過夢幻。如果沒有把熱情埋藏在內心深處，展現出穩健推動新業務的態勢，提案就不會通過。製作提案書時，必須腳踏實地、實事求是，然後從經營者的角度出發，預先評估中長期發展的可能性與風險。

提案書的風格也和內容一樣重要。「怎麼又來了？」為了避免讓對方產生這種想法，最重要的部分，或是與以往截然不同的切入方式，就是要果斷地表現出獨創性。

例如，開發「冰結」時，我第一次呈交的就不是提案書，而是試喝樣品。

我把樣品交給出席管理層會議的市場行銷部長，請他在會議最後進行提案，

「請各位先試喝一下」，結果獲得「值得一試」的評價，促成專案正式啟動。至於書面提案書的審查，則是幾個月後的事了。

雖說是因為對試喝樣品的美味程度和新鮮感有絕對的自信，所以才能順利成功，但第一次提案就是要有這種程度的變化球，才有出其不意的效果。

對方才是溝通的主角

請人聽取提案時，最重要的是什麼？

答案是營造出一個對方想聽下去的情境。

熱誠和認真固然重要，但單方面一頭熱的狀態是NG的。老實說，對方根本不在乎你有沒有熱情。

溝通時，有解讀權利的人是對方。基本上，聆聽者只會聽取自己想要或感興趣的資訊。

如果對方是管理財務的人，他只會在乎「這個提案是不是真的有利可圖？」就算創新行銷手法說得再多，還是很難被聽進去，因為對方只想著「怎麼不快點進入收益的話題」。

提案書也一樣，每個人想要的資訊都不同。你可以預先做好一份塞滿豐富資訊的提案書，但實際提案時，最好根據不同對象而改變提案方式。如果對方是生產管理方面的部長，那就把提案聚焦在規格、製造方法和設備投資上，讓他把目光放在那裡。

訣竅就是進入對方的思考迴路。試著思考，如果是眼前這個人，他會有什麼樣的感受？

如果是熟識的人，你會知道對方的思考模式和感興趣的領域，只要沿著那個方向引導對談，就能確實地傳達內容。

但若是不太熟的對象，或是初次見面的情況，又該怎麼做呢？

這時可以一邊摸索，一邊帶入話題。

「你覺得可行嗎？」

「目前有哪裡不清楚嗎？」

一邊確認、提問，推測對方感興趣的領域與關心的意向，一邊慎重地對談。

或者，也可以主動出擊，「由我開始發問」。

「所有內容都收錄在這份資料裡，但因為時間有限，請問今天要針對哪個地方特別說明呢？」

「今天的目標是『要不要做○○○』。那麼，就『從哪裡開始』做說明吧？」

這種方法對忙碌的高階主管特別有效。

先確認目的，再從對方感興趣之處開始說明，就能讓對方更專注聆聽。

創造性破壞先暫時收起來

企劃再怎麼出色，只要沒有在公司內部脫穎而出，就不會有上市的一天。

雖然我在第1章曾疾呼「創造性破壞是必要的」，但在這個階段反而是藏起來比較好。讓人理解自己的想法是非常困難的。創造性破壞可能造成誤會、引發論戰，甚至導致企劃被撤除。

尤其要注意的是「破壞」。有可能影響既有商品銷售、利益的計劃，應該先藏起來。盡量避開與事實無關的假設話題，從「腳踏實地」的穩健提案開始做起。

當然，如果是非正式場合，你當然可以和團隊或夥伴盡情談論夢想。

另外，雖然有點膚淺，但讓擁有決策權的人喜歡自己，也是非常重要的。

假設有兩個類似的企劃，被喜歡的人會被核准，被討厭的那一方則會毫無理由地被退件。碰到這種情況，也是沒辦法的事。

「開朗活潑」、「順從不反抗」、「個性討喜」、「工作努力」等，都是讓人喜歡你的方式。

在這之中，我所指的喜歡是「這傢伙有點奇怪，但想法還挺有趣的」，或是「他不擅長交際，但思路清晰，值得信賴」。簡單來說，就是「有可取之處的笨拙之輩」這樣的定位。

這一切都是為了讓提案通過。多加注意平時的定位吧！

等待也很重要，機會必定會來訪

有句話說，欲速則不達。

千萬不要以為企劃完成之後，就要馬上強行通過。有時靜待一段時間，反而能帶來更好的結果。

以我個人的情況來說，我會在企劃靜置數個月到半年後重新修正，修完又會靜置一段時間，蒐集資訊後再次改寫。我會一直重複這樣的作業，等待時機成熟。有些企劃甚至過了二十年才正式進入審議。總之，就是耐心等待。

當然，也有進展比較快的企劃。

「KIRIN FREE」這個企劃，當時只在白紙上寫了一行「世界首創，酒精含量〇．〇〇〇〇%，消滅酒駕的啤酒」，之後僅僅過了幾個月，因為上司的一句「不錯！試試看吧！」專案就開始了。

「冰結」也是，在檯面下開發一年多，之後就像前面所說的，在某個因緣際會下，讓經營團隊試喝樣品，然後就在如雷掌聲下正式敲定專案。

最耗時的是精釀啤酒事業「Spring Valley Brewery」。這個企劃花了二十年以上才獲得公司認可，就跟長期熟成的高級威士忌一樣漫長。

有「Spring Valley Brewery」這個想法時，正值「淡麗」開發期。之後歷經幾次浮沉，終於等到機會降臨。當年我正好滿五十歲，也是我自己一個人發起多項新類別企劃的時候，其中的主要企劃就是精釀啤酒事業。

之後，我又花了一年修正企劃，然後歷經主管與相關部門的反對與退件，在這過程中持續進化。不知不覺間，我就像桃太郎那樣，身邊的夥伴從一個變兩個，越來越多。最後終於與社長直接談判，獲得批准。當時才剛就任的磯崎功典社長馬上做出決斷，「既然要做，就要做改變社會的大事！」不只是投入精釀啤酒事業，他更是讓我決定「認真」改變市場的強力後援。

回顧那些過往，「等待」果然是值得的。

「Great thing comes to those who wait」（皇天不負苦心人）就是我開發商品的信條之一。

不要焦急、不要懈怠。耐心等待吧！

22 眾多才能薈萃相乘，產生最強的商品

真摯傾聽並改善

在把想法或概念具體落實為商品的過程中，你可能會遭遇現實的重重阻礙，也可能親身體驗到商品創造的嚴苛。

成本、技術、物理性的限制、公司內部的人情世故。與利益相關者之間的衝突、批判、停滯、替代方案等等。有時甚至必須和曾經一起做夢的團隊成員，或是活在不同世界的相關人員對峙。

如果有一百個人，就代表你要面對一百個思考迴路。

來自團隊成員、相關部門、經營階層、公司外部創作者肆無忌憚的提問、單純的疑問、尖銳的質問，接踵而來。

味覺開發負責人：「概念和味覺感受好像不太一致？」

營業部：「這種東西真的能暢銷嗎？」
生產部：「需要花那麼多成本嗎？」
經營階層：「目標是占全球幾成？（只有一小撮吧？）」
設計師：「為什麼是這種概念？」
廣告製作者：「結果，你希望消費者怎麼做？」

或許會出現一堆不想回答的問題，但根據我的經驗，越是高高在上的人，越是不會「裝懂」。他們會毫不客氣地狠踹你的後腳跟。

這些尖銳的問題或許正是消費者對商品的疑問或不安。嚴陣以待，把它當成正面精進的機會，「藉此重新思考本質，打造出更容易理解且深具魅力的商品」。這正是商品創造的醍醐味，也是我們的最後的階段。

對於那些問題和建議，我會採取下列回應。

- 徹底進行調查、實驗和驗證，提出客觀的結果和數據。
- 和對方說「相同的語言」，提高溝通的水準。

・反過來問對方「你有什麼看法？」把對方拉進自己的陣營。
・鼓勵自己「應該可以做得更好」。
・透過反覆討論，達到最貼近本質的「簡單解決方案」（就是本書第四十一頁講述的，「淡麗」開發期間與創意總監宮田識先生的討論）。

最重要的是堅定意志、頑強抵抗、不含糊搪塞，仔細地回答每個問題。不惜花費時間和精力，想辦法找出全員都可接納的解決對策和著陸點吧！

因禍得福，成為強大商品

當年「KIRIN FREE」準備開始銷售時，碰到了非常嚴重的問題。

「物理法則方面，就算酒精含量是零，但喝掉好幾瓶之後，不會有類似喝醉般的危險性嗎？」

「萬一那個人因為駕駛失誤而發生車禍意外，該怎麼辦？」

相關部門的主管提出十分嚴肅的議題。

就像所謂的「安慰劑效應」，明明吃的是安慰劑（假藥），不是真的藥，卻會產生「病痛得到緩解」的錯覺。同樣地，喝了「KIRIN FREE」可能會產生「喝醉酒」的錯覺，讓人擔心那樣的心理作用可能會導致駕駛失誤。

「物理法則方面，飲料的酒精含量是零。就算因此引起訴訟，錯也不在我們，而且我們也有證據！」

這麼說或許可以消除他們的疑慮。

但商品上市之後，如果消費者也有相同的疑問或不安的話……。

我們的願望是斷絕酒駕，消除所有與酒相關的負面意外和事件，實現每個人都能安心生活的美好社會。

如果在懷有芥蒂的狀態下直接上市，不是違背了當初的願望嗎？

「酒精零含量真的不會影響駕駛嗎？」

只要經過徹底驗證，我們就能自豪地說「完全沒問題」，不是嗎？於是，團隊就把這個疑問當成「千載難逢的機會」，並思考科學驗證的方法。

但不論公司內部做什麼驗證都沒用，因為驗證結果肯定會被認為是「偏袒自家人」，可信度不高。若不採用所有人都信賴的調查方法，世人是不會信服的。

既然討論的是安全駕駛，直接找警察諮詢並取得他們的認證，可信度肯定最高，是絕對令人安心的方法。調查後發現，警察廳有個名為「科學警察研究所」的組織，裡面有各種測量儀器和實驗結果的檔案。

於是，我們馬上前往拜訪。說明完事情原委之後，該組織窗口也十分認同我們的專案目標，立刻同意提供協助。

我請對方介紹實驗用駕駛模擬器的製造商給我們，也把我們的願景傳達給製造商。結果，製造商也十分認同，甚至還無償出借昂貴的設備給我們。

看到這麼多人認同我們、提供這麼多的協助，我們的使命感因此更加強烈，「不管如何，絕對要推出這款商品！」

我們比較了「一番搾」實驗組和「KIRIN FREE」實驗組的測試報告，結果顯示後者的駕駛完全沒有受到影響。

喝了「KIRIN FREE」的人當中，有好幾位表示「有微醺的感覺」。但從駕駛模擬器的數據來分析，看不出駕駛有任何失誤或延遲，測驗結果完全和清醒時一樣。這個結果就連駕駛本人也感到十分震驚。

然後，我們向科學警察研究所報告了這個結果，也同時獲得警察廳掛保證的認可。最終警察廳表示，「KIRIN FREE 完全不會造成任何駕駛問題」。

這個實驗讓我們多花了十個月，銷售時間因此不得不往後推遲半年。但也多虧如此，我們才能擁有「警察廳的強力背書」，也才能在高速公路服務區成功舉辦新品銷售紀念活動。若沒有這樣的後盾，「東日本高速公路」公司才不會爽快同意。

另外，「在 F1 大賽期間，停靠維修站的賽車手大口暢飲 KIRIN FREE 再重返賽道」，也是這個商品的隱藏概念之一，所以我們在活動中發送了樣品給前 F1 賽車手，造成話題，華麗出道。

簡直就是轉禍為福。只要積極突破障礙，就能帶來全新機會。只要徹底調查和實驗，展現出明確的事實或數據，如此一來就更能提高商品創新突破的力道和說服力。

說「相同的語言」

如果沒有公司內外的技術人員或設計師等相關人員的協助，就不可能創造出令人滿意的商品。

那些人擁有你所沒有的才能。你必須運用一些技巧，才能誘發出他們的實力。

例如，酒精飲料的風味（香味）開發是非常重要的環節。我們必須和專業的技術開發者共同研究全新的美味。當商品概念確定後，我們會反覆進行樣品的製作、試喝和調查，朝心目中的理想方向不斷修正與改良。這個過程至少要重複十到二十次，甚至可能超過上百次。

如果是啤酒這種商品，從入料製作到成品試喝，有時要花四星期以上。如果一次又一次地試作，則要花上半年到一年。

為了讓那個過程更加順利，我們必須採用不同的說明方式，把概念轉換成技術人員能理解的商品規格或配方。我們必須用所有釀造者都懂的語言來說明，才能共同討論，一起朝目標邁進。

在前面提到的創業百年大型商品企劃中，我們請技術團隊開發「怎麼喝都不會膩的啤酒」口感。討論之後的結論是，徹底追求科學理論，不用感覺或形象來蒙混。首先，我們拆解了「喝不膩」的理想狀態。

我們列舉出：①第一口就很順；②喝完馬上想再喝一口；③讓人無法抗拒等，六到七種「喝不膩」的要素，並成立各自的研究小組。

當時的討論現場充斥著一堆技術和醫學用語，而負責統籌這些的人，正是率先發起這項討論的領導者，也就是「非技術領域」的我。為了用「相同語言」和技術團隊對話，我拚了命地翻閱過去讀過的化學、物理和生物教科書，還上網查找資料。

我們這樣的開發人員雖然能輕鬆寫出「世界第一順口」或「極致口感」之類的想法，但實際開發卻沒那麼容易。如果沒有陪著技術團隊一起深入邏輯或問題意識的核心，陪他們一起煩惱、解決，就沒辦法做出令人感動的美味，無法達到三百分。

或許有人會擔心，「專門用語變多之後，是不是就沒辦法討論更複雜的內容了？」放心吧，最後的結果反而出奇地單純。因為就算用複雜的語言來定義，也不會有人理解。消解雙方的誤會和差異，讓概念與風味完美一致才是王道。

用「反問」誘發天才一二〇%的天賦

創造出「冰結」原始風味的鬼頭英明先生、和我一起開發「Spring Valley Brewery」的田山智廣先生，他們全都是極具開發潛力、獨創性與熱情的天才。該怎麼和他們這種天才相處，讓他們發揮出實力呢？其實答案非常簡單。

就是對他們的疑問提出反質問。「你認為怎樣的味道比較理想呢？」當對方這麼提問時，你可以反問，「那對你來說，什麼味道比較理想呢？」「該怎麼思考會比較好？」從那個瞬間開始，他們就會眼睛發亮，成為與你「同一陣營」的人。

還有另一點。一起試喝樣品時也是一大關鍵。就算他們打從一開始就創作出十分出色的作品，也不要輕易給予認同，「一百分還沒辦法達到感動的水準。我想要異次元的美味」。激勵他們，「應該可以做得更好」。

當現實的要素左右牴觸、無法順利執行的同時，就是實現改革創新的時候。正因如此，才能創造出革命性的商品。反正就是要讓他們知道，天才技術者的使命就是要想辦法突破障礙。

當然，我不會採用那麼強硬且無禮的說法。我會卑微、謙虛地提出請求，「不知道能不能做得到……」。但同時也會用「如果能成功，絕對會大賣」的確信笑容逼迫他們。

另外，學習製造技術也非常有用。

討論時老是偏題，總是提出一些不可能任務，這樣的技術白癡行為是行不通的。為了具備相同的問題意識與解決方案，以相同的角度與技術團隊共事，我會卸下委託主的身分，不斷磨練自己。

就像這樣，只要努力提高天才的動機，就可望創造超出預期的異次元美味。

融合概念和設計

設計和概念是不可分割的。思考設計的過程中，難免發生再次檢討概念的情況。因為設計工作就是貼近商品價值（本質）的作業。

美國知名的平面設計師保羅・蘭德(Paul Rand)曾說：「設計是形式和內容的

關係。」(《設計的課程》，BNN新社)

這裡的「內容」指的是創意或概念。借用蘭德說的話，品牌概念和形式(如何展現、如何思考、如何談論)的糾葛正是設計的課題；也就是說，所謂「實現設計，便是將外表形式與內在融合為一」。這個想法讓我深有同感。

事實上，在我身處的領域中，一流設計師或創意總監和我討論商品設計時，也是幾乎都會問到所謂的概念。甚至，還會深刻地探究原本的意圖(Why)、存在意義、意涵等內容。

例如，我和非常可靠的CLOUD 8品牌設計公司的橋本善司先生，就經常持續這樣的討論內容。

「為什麼非採用這種概念不可？」
「為什麼採用這個詞？」
「為什麼不能用其他詞？」
「你想要達成什麼？」

「這個商品或品牌存在於世界的意義是什麼？」

「這個企劃和故事真的很有魅力嗎？」

有時，就是必須經過這樣的拋接球，修改商品概念的根基，或是增加全新的觀點。原本應該是請對方設計商品，結果卻變成我方被迫重新檢視概念，或是更進一步磨合拋光。

就像這樣，設計就是「內容與形式的融合過程」，雙方都會受到影響。

我和他一起討論「Spring Valley Brewery」時，也曾有過這樣的交流。

「為什麼加上『啤酒廠』三個字？請告訴我必要性。」

的確，不加上「啤酒廠」(BREWERY)這樣的建築物、設備名稱，直接採用「Spring Valley」兩個字，反而比較簡潔、俐落。「啤酒廠」這個陌生名詞很難記，也就很難讓人留下印象。

可是，一八七〇年在橫濱市山邊誕生，名為「Spring Valley Brewery」的啤酒釀造所，是日本首間成功商業化的釀酒廠，那個釀酒廠日後成了麒麟啤酒公司的一部分。之所以採用「啤酒廠」三個字，是向釀造所及創辦人威廉．柯普蘭(William Copeland)的開拓精神表達敬意，是為了承襲品牌的名稱與精神，同時體現出高舉旗幟、挑戰未來的決心。

那是麒麟旗下的新創品牌，一個既是創投企業也是釀造所的據點。讓釀酒師(Brewer)在釀造所發揮創造力與挑戰精神，跳脫傳統堅持，開創出前所未有的新紀元精釀啤酒。

這是「Spring Valley Brewery」的構想。也就是說，我希望把人、精神和「場所」、在那裡編織的永恆故事融入名稱與概念之中。

於是，我以這個問題為開端，加上了「啤酒廠」的明確想法，並改良了概念。例如，「啤酒廠是老式懷舊的？還是嶄新現代的？」討論後的結論是「以傳統為基礎的創新」。

此外，釀酒師的個性和志趣是頑固且偏執？前衛且帶有玩心？深懷工匠氣質？還是藝術氣息？我們會在提出這類主題之後，與設計團隊進行視覺等方面的深入討論。

結果，「將內容與形式融為一體」的設計方案就完成了。

「對我來說，設計就是概念本身。名字代表身體，有時身體則是由名字所定義。當那個名字、概念與設計的關係，在觀看者的大腦裡完美融合時，那個設計就能獲得認同，觀看者就會願意買單。」（橋本先生）

23 把粉絲拉進商品創造的世界

改變與消費者之間的關係

現在，製造商和消費者之間的關係正在發生極大的變化。

在過去，「消費者付款購買企業製造的商品或服務」，製造商和消費者之間幾乎是這樣的關係。也就是說，買賣雙方主要交換的是「物品、服務或資訊」和「金錢或時間」。

然而，進入本世紀以來，這種關係正在急速改變。

買賣雙方的關係正逐漸趨於平等。買方開始渴望和賣方共同創造全新價值。消費者為了滿足「自我實現」的欲求而開始行動，主動支援、參加自己有共鳴、有好感的企業活動，對願景、夢想的實現做出貢獻。

如果對這個變化視而不見，就算商品投入再多時間與精力，仍可能在送到消

過去，麒麟啤酒和消費者之間，僅止於商品和資訊、金錢和時間的交換關係。

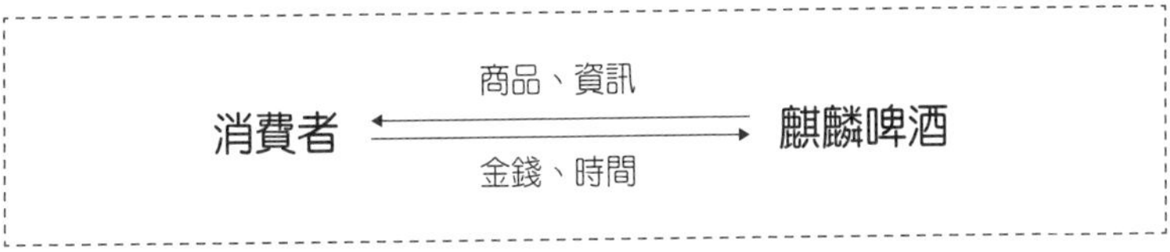

在未來的時代裡，麒麟啤酒必須揭露夢想、證明實力，
消費者才會產生共鳴，主動提供支援。
（這同時也是科特勒在著作《行銷3.0》中宣揚的任務行銷）

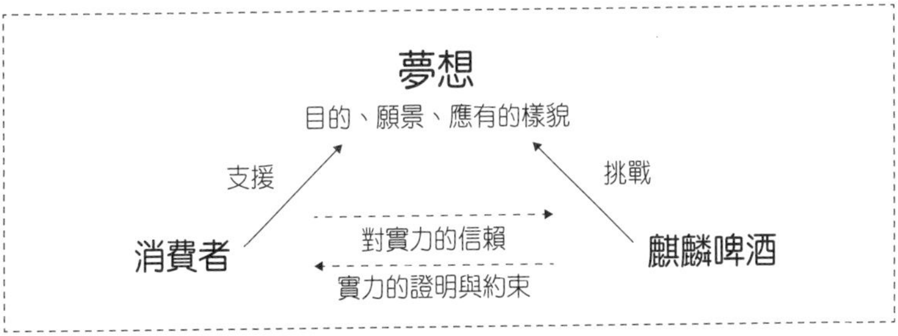

與消費者之間的全新關係 （擷取自 2012 年 Spring Valley Brewery 專案呈交給社長的提案資料）

費者面前的瞬間頓遭挫敗。

「沒辦法預見未來企業與消費者之間的關係變化嗎？」

「必須採用與傳統市場行銷不同的全新手法。那到底是什麼呢？」

「消費者到底想要怎樣的自我實現呢？」

煩惱多年，我終於得到答案。那就是「Spring Valley Brewery」。「Spring Valley Brewery」並不是單純的精釀啤酒新品牌。那裡只是一間時尚的啤酒餐廳，甚至算不上是餐飲店。

那是製造商為了實現和消費者「共創」令人興奮的啤酒未來、全新的啤酒文化，而積極推動的長期專案。

關鍵字就是「創造體驗、創造場所、創造粉絲」。

接下來，就來逐一探究每個項目的內容與涵義吧！

社群打造是關鍵

體驗的「價值」是獨一無二的。打造一座啤酒主題公園成為參加體驗類型的據點，讓體驗發揮到最大限度。

那裡附設了一間小型啤酒廠，讓消費者隨時都能喝到在製造設備旁、或發酵、貯藏槽旁剛完成的啤酒。甚至還能直接和開發該啤酒的釀酒師交談，並傳達飲後感。釀酒師在聽取建議後，便能精進自己的釀造技術。

消費者不僅享受到最棒的啤酒，還能有共創品牌和啤酒文化的特殊經驗。

這裡是啤酒愛好者的聖地，目的是為了實現飲酒者和釀酒者之間的雙向溝通。就意義層面而言，這裡也是通往隱藏概念的「大教堂」。

甚至，這裡聚集了世界各國的釀酒師。彼此不是競爭對手，而是志同道合的夥伴，他們的共同夢想就是把精釀啤酒推向更大的市場、打造美味且有獨特個性的啤酒。實際作為各種交流會和合作活動的據點，就能引起良好的化學反應。

「圈粉」不只是為了增加喜歡並購買商品的人數。除了提高商品狂熱度的粉絲行銷之外，打造一個名副其實的「粉絲社群」才是我們的終極目標。

為此，我們每個月都會舉辦一次名為「釀酒師之夜」的活動。

這是春谷公司的所有員工、釀酒師和消費者之間的例行交流會。剛開始，參加活動的消費者不到十個，但人數逐年增加，現在活動已變得十分盛大。除了人數與規模的擴大之外，對於內容品質的提升，我們也是不遺餘力，而且十分積極地採納參加者的建議。

隨著交流會的持續推動，這裡已經成長為一個絕佳的溝通平臺。不僅使買賣雙方的隔閡消失了，還能感受到幾乎使彼此立場逆轉的「共創感」。

現在，這些現象正逐漸發展成粉絲自主營運的粉絲社群。事實上，SNS上也已經有百人規模的群組產生，而群組和 Spring Valley Brewery 合作的活動也已經實現。

前面曾提到，我們必須打造與消費者之間的全新關係、開發相關行銷手法，而這種「粉絲社群」正是其中的核心。

透過廣告得知或是在店裡看到商品，然後喝了之後覺得很美味，於是成了回頭客、粉絲。基本上，這種傳統的流程應該不會瞬間改變吧！

但這種趨勢將會慢慢逝去。不管你願不願意，逝去的速度似乎會變得更快。

社內創投的意義

為了「Spring Valley Brewery」專案，公司設立了社內創投的新公司。這是有理由的。

這是為了實現「與客戶共創未來」的構想基礎。對大規模且包袱沉重的傳統企業來說，這是非常不搭調的。

初創企業非常適合與消費者直接交流，反覆嘗試各種錯誤。小規模的創投公司能馬上做新的實驗並加以改良。

如果是大型企業，就必須歷經反覆審議和檢討，並與各個相關部門協商，最後才知道究竟能不能獲得認可。另外，對粉絲來說，小規模且「透明化」的公司感覺更容易親近。社群的打造就會變得更加容易。

在突破單純的商品創造、持續全新挑戰的同時，「SPRING VALLEY 豐潤〈496〉」在首間店鋪開張六年後的二〇二一年正式推出瓶裝版販售。現在，日本全國的超級市場、便利商店和網路等各個通路都能買到。

透過品牌聖地「大教堂」（東京和京都的釀造所、體驗型店鋪）「打造與消費者之間的全新關係」，這個目標目前只完成一半。創造體驗、創造場所、創造粉絲的挑戰，仍是現在進行式。

24 不因熱銷而安心

銷售不是終點，而是開始

「終於要上市了」，這個瞬間來臨了。

這應該是商品創造的最終階段，終於可以好好鬆一口氣了。

不過，我們的目標是市場創造、未來創造。

接下來才是真正的勝負。目標在沒有止境的前方。

就如亞馬遜（Amazon）創辦人傑夫．貝佐斯（Jeff Bezos）反覆對員工說的「Day One」（隨時把每一天當成創業的第一天）。

從零開始到正式上市，依照情況的不同，那段努力的期間可能是一年、兩年，也可能超過三年。從商品創造到市場創造的「Day One」，則是從發售日那天開始起算。

就算商品很幸運地熱銷，還是不能安心。因為接下來你必須想辦法把它培育成出色的長銷商品。為了把剛剛誕生的小型市場，培育成構想中的「未來核心」，你還有好多該做的事。

一開始有感受到商品價值的人，也可能在之後猛然驚覺「啊，好像有點不太一樣」，這種情況也很多。沒辦法，因為新產品總是充滿新奇。

再次重申，「美味」除了身體的感覺（五感）之外，大腦和心靈也會有感受。因為必須深入消費者的內心，所以不能用「終於發售了」、「開賣了」、「太好了」畫下句點。再者，如果你是開創全新市場的先驅，消費者的反應和變化更是未知數……。

競爭對手也可能馬上推出類似商品或改良商品。模仿、競爭是企劃當中可預料的。是否能夠沉著應對，採取更彈性且嶄新的行動，將會深切影響商品的未來。以下就跟大家分享我過去所採取的部分對策吧！

- 不斷改良。提高品質，把競爭對手遠遠拋在後方，保持領先狀態。「淡麗」

幾乎每年都會大幅改良味覺，也會持續更新包裝。

- 開發新系列，吸引周邊、類似市場的消費者。把因為「冰結」而改變的CHU-HI形象，換成更加精緻的「白葡萄氣泡酒」(Chardonnay Sparkling) 等「奢華水果系列」。藉此吸引（氣泡酒）葡萄酒市場的消費者，擴大女性與年輕族群。

推出其他各種商品或與之匹配的形象廣告，建立夢幻的「爽快酒精飲料市場」。

- 推出增強品牌力的廣告、宣傳與促銷活動。維持話題性，隨時贏得媒體報導和口碑聲量。除了首都圈，「Spring Valley Brewery」也在京都開業，作為西日本的據點。幾乎每個月都舉辦記者會和媒體說明會，持續曝光。

結果，過去被稱為「地方啤酒」的這個類別，現在已經以「精釀啤酒」獲得公民身分，滲透至全國各地。

- 推出自家公司商品，作為第二策略、第三策略。「淡麗」除了姊妹商品，還投入了包含「第三類啤酒」在內的新類別商品。結果就如初期構想，現在經濟類別已經成了時代的主流。

在「KIRIN FREE」創造的全球性非酒精市場方面，除了啤酒之外，我們也推出了無酒精的 CHU-HI，企圖活化包含其他公司在內的市場。

這就是創造新事物、引領變化之所以辛苦的原因。

不要掉以輕心，思考下一步

當我們跟著商品一起展望未來時，往往會忘記開發者還有個十分重要的任務。那就是開始製作「下一份企劃」、「創造全新的商品」。

就算組織的任務已經完成，仍不代表作為起點的個人任務也已經完全達成。夢想或願景也是如此。

難道你不想找到「某個東西」，進一步超越自己創造的商品嗎？

為了再次帶來變化。

為了打造更美好的社會。

然後，為了遇見未來。
準備好了嗎？
飛進變革者的世界吧！

結語

感謝您的閱讀。

不知道您的感想如何？

「要不要寫本書？」面對這個問題，我原本打算鄭重婉拒的，因為我真的沒有寫書的自信。對於三十多年來，一直從事著普通上班族工作的我來說，我會看書，卻壓根沒想過寫書這種事。

如果是享受精釀啤酒之類的主題，或許我還能寫出專欄程度的文章。可是，把創造熱銷商品的方法寫成一整本的教科書，那就另當別論了。

過去，我從來沒有整理過自己的市場行銷理論或法則。然而，解說菲利浦·科特勒(Philip Kotler)或大衛·艾克(David Aaker)等知名行銷學者的主張，又沒有任何益處，因為市面上已經有太多類似的書籍。那終究是借來的意見。完全沒有原創性。

於是，我十分老實地把過去的工作「全部細數」一遍。我最重視的事情是什麼？日常生活的習慣和激發靈感的方法是？以及，如何淬鍊構想、撰寫企劃案？另外，在開發的各個階段中，我是以什麼依據或方針來判斷？該怎麼做，才能獲得團隊或公司內外人員的協助？

除了熱銷商品之外，還有徹底失敗的商品、順利的情況、完全行不通的情況……。我一邊翻閱當時的資料，一邊盡可能地回想，整理出理由和主因、法則、當時的想法，最後完成了這本書。

這本書一共彙整收錄了「二十四種技法」，相信應能廣泛應用在許多領域中的商品開發、新市場開發與創新。雖然產業、領域、市場、環境、課題等主題都不同，但出乎意料的是，其本質與要實現的未來還是有許多共通之處。

本書並沒有觸及在面臨現實市場與競爭時，我們必須慎重且穩健採取的企業戰略與商品戰略。當然，實際的市場是難以掌控、而且充斥高水準競爭的激戰區。單靠不切實際的理想主義和幻想，是無法與之抗衡的。

我最重視的點是，在面對未來願景時，成為一個造浪者，保有持續製造新市場的各種想法與態度。我相信，那才是在「無法預測未來」、「沒有標準答案」的市場生存，掌握未來主導權所不可欠缺的。在白紙上自由地描繪大膽的未來構想，就能從根本改變商品創造、市場創造的封閉狀況，讓未來變得更加美好。我們的使命就是在沉穩掌握現實的同時，憑藉著夢想、熱情與勇氣，開拓出全新的時代。

每個人都有人生的轉折點。

我的人生也有各種大大小小的轉折點。其中最大的轉折點就是認識了前田仁先生。

就如本書開頭所提到的，在認識他之前，我什麼事都做不好。雖然我也有「以新產品驚豔全球」的遠大夢想，但當時我正處於開發的商品完全賣不出去，徹底喪失自信，開始有點頹廢、自我放棄的時期。正好在那時，前田仁先生轉調到同一部門。

多虧他的提案，我才終於有機會成天參加靈感激發會議，在宛如「道場」的環境裡，共同淬鍊商品概念和定位。

「一切都是為了學習」，有時被邀請到地下劇場，有時潛入充滿神祕氛圍的沙龍，和聚集在那裡的知識分子交換哲學性意見，有時則是原地發楞。我總是能在那樣的場所獲得無數諄諄教誨的「名言」。當時，一切的一切都是那麼新鮮，過去那些先入為主的固執觀念全都瞬間瓦解了。

之後，前田仁先生還是繼續和我一起創造「淡麗」和「冰結」等一連串的商品，並在種種情勢下，毫不留情地拋出猛烈打擊，每次總能讓我學到許多新知識。那些知識不同於一般公式或理論，是行銷教科書上沒有寫，由他自行創造開發的訣竅和掌握事物本質的方法，對我來說，這些仍是無法撼動的絕對方針。

然後，在跨越時代的現在，那些「精髓」就散落在本書的各個角落。就某種意義上來說，本書也可說是我和前田仁先生的「共同著作」。

透過撰寫本書，我才有機會好好回顧過去給我許多指導、培育與協助的人們，也讓我重新思考自己的任務與應該前進的方向。這也是我的另一個轉折點。

在此，衷心感謝那些陪我一起「從零開始」創造未曾存在於世界的新商品，並共同奮鬥「開創未來市場」的團隊夥伴們、磯崎功典社長等，眾多麒麟公司內部的相關人員、公司外部的各位協力人員。

也要感謝鑽石出版社的朝倉陸矢先生給我這個出版機會。就像兩人三腳一樣，謝謝他非常堅持固執地陪我走到最後。

我還要感謝養育我長大的雙親，以及總是微笑鼓勵我從零開始開創未來，並且開朗鼓勵我完成本書的妻子。

最後，我想把這本書獻給改變我人生的已故恩師前田仁先生。很遺憾，我還來不及回報他的恩情，他就在兩年前的六月突然撒手人寰了。他的諄諄教誨就像是我創造商品的生存寶典。

然後，希望能以本書為契機，把接力棒傳給正準備踏上「新商品創造」之路，企圖開創全新市場、創造美好社會的各位讀者們。

如果這本書能成為各位的最佳轉折點，將是我莫大的幸福。

大家一起創造未來吧！

二〇二二年春天

和田徹

國家圖書館出版品預行編目資料

開創新市場的熱賣商品企劃力／和田徹著;羅淑慧譯.
－－初版一刷.－－臺北市：三民，2023
面；　公分.－－（職學堂）

ISBN 978-957-14-7704-6（平裝）
1. 商品學 2. 行銷學

496.5　　　　112015339

|職學堂|

開創新市場的熱賣商品企劃力

作　　者　和田徹
譯　　者　羅淑慧
責任編輯　翁英傑
美術編輯　李珮慈

發 行 人　劉振強
出 版 者　三民書局股份有限公司
地　　址　臺北市復興北路 386 號 (復北門市)
　　　　　臺北市重慶南路一段 61 號 (重南門市)
電　　話　(02)25006600
網　　址　三民網路書店 https://www.sanmin.com.tw

出版日期　初版一刷 2023 年 10 月
書籍編號　S541580
I S B N　978-957-14-7704-6

三民書局